致富的起源：
从践行信念到实现
成功的 3 项原则

［美］拿破仑·希尔（Napoleon Hill） 著

高李义 译

中国科学技术出版社

·北 京·

WISHES WON'T BRING RICHES by Napoleon Hill/ISBN:978-0-14-311154-2

COPYRIGHT © 2018 By The Napoleon Hill Foundation.

The simplified Chinese translation rights arranged through Rightol Media（本书中文简体版权经由锐拓传媒取得 Email:copyright@rightol.com）

北京市版权局著作权合同登记 图字：01-2020-5959。

图书在版编目（CIP）数据

致富的起源：从践行信念到实现成功的 3 项原则 /（美）拿破仑·希尔著；高李义译. —北京：中国科学技术出版社，2022.6

书名原文：Wishes Won't Bring Riches

ISBN 978-7-5046-9535-2

Ⅰ.①致… Ⅱ.①拿…②高… Ⅲ.①成功心理—通俗读物 Ⅳ.① B848.4-49

中国版本图书馆 CIP 数据核字（2022）第 064197 号

策划编辑	杜凡如　赵　嵘	责任编辑	杜凡如
封面设计	马筱琨	版式设计	锋尚设计
责任校对	张晓莉	责任印制	李晓霖

出　　版	中国科学技术出版社	
发　　行	中国科学技术出版社有限公司发行部	
地　　址	北京市海淀区中关村南大街 16 号	
邮　　编	100081	
发行电话	010-62173865	
传　　真	010-62173081	
网　　址	http://www.cspbooks.com.cn	

开　　本	880mm×1230mm　1/32	
字　　数	208 千字	
印　　张	7.75	
版　　次	2022 年 6 月第 1 版	
印　　次	2022 年 6 月第 1 次印刷	
印　　刷	北京盛通印刷股份有限公司	
书　　号	ISBN 978-7-5046-9535-2 / B·89	
定　　价	69.00 元	

（凡购买本社图书，如有缺页、倒页、脱页者，本社发行部负责调换）

拿破仑·希尔根据1908年采访安德鲁·卡内基时第一次从他那里学到的成功原则在1941年写了17本小册子，其中每本小册子都讲解了1项成功原则。当时的希尔是一名年轻的杂志记者，被派去采访卡内基先生，卡内基先生对他印象非常深刻，于是委托他研究成功人士并撰写一本关于个人成功哲学的书籍。希尔在随后的20年里不断与成功人士会面，并把自己学到的知识写进了1928年出版的经典著作《成功法则》(*The Law of Success*)之中。1937年，他又写了一本经典著作，并将其命名为《思考致富》(*Think and Grow Rich*)。

希尔于1941年撰写的17本小册子被命名为《智力爆炸》(*Mental Dynamite*)，智力爆炸是卡内基先生用来描述17项成功原则的一个短语。每本小册子都包含希尔对卡内基先生访谈的长篇摘录以及希尔对书中成功原则所做的独特分析。但在这些小册子出版几个月后，美国就参加了第二次世界大战，可想而知，这些小册子也因此无暇被美国人关注。现在，拿破仑·希尔基金会从档案中重新找到了它们，并将为新一代读者出版这些小册子。

拿破仑·希尔基金会在本书中汇编了希尔所写的3本小册子，这3本小册子阐述了在确定一个明确的主要目标并制订一个实现这个目标的计划之后，如何通过行动来实现目标。因此，一旦思考过程圆满结束，你就应该践行这些章节提出的原则了。正如希尔在第三章中所说，"计划你的工作，并实施你的计划"，本书的内容始于计划制订之后，并集中讨论了如何实施计划。

在第一章"践行信念"中，希尔首先阐述了他在1908年对卡内基先生的访谈中重点谈及这一原则的内容。卡内基先生告诉年轻的希尔，想要完成研究出一套个人成功哲学这一为期20年的工作，他需要践行信念。随后卡内基先生解释了盲目的信念、消极的信念和积极的信念之间的区别。卡内基先生以一种近乎诗意的方式明确了头脑的各种能力，然后向希尔解释说，一个人只有在恐惧和自我强加的限制被践行信念取代之后才能获得这些能力。培养这一信念需要的是行动、坚持和重复，一个人一旦形成这一信念，无限智慧就可以帮助他实现自己计划的目标。

在讲述了他与卡内基先生的访谈内容后，希尔又讲述了两个自己亲身经历的故事，以此来说明他是如何通过践行信念取得成功的。第一个故事发生在大萧条时期，银行倒闭使他血本无归，但他开始明白，大自然的运转和无限智慧比金钱更加重要，这一发现使他产生了坚持所需的践行信念的想法。第二个故事讲述了他的儿子拿破仑·布莱尔（Napoleon Blair）的神奇经历。布莱尔出生时就没有耳朵，多亏了希尔践行信念，使布莱尔在没有任何物理听力仪器帮助的情况下获得了听力。

接着，希尔讨论了自我在获得成功过程中的重要性，并指出应该如何控制自我。正如卡内基先生所说，必须用信念取代恐惧和怀疑，这样自我的渴望才能实现。希尔列举了一些人们控制其自我的例子，以及男人的自我由妻子所控制的例子，在所有例子中，这种对自我的控制对于他们的成功至关重要。希尔总结了践行信念的重要性，他表示，践行信念是"强大的自然规律"，因为它可以让一个人获得满足自己渴望的物质。

第二章"热情"同样以希尔1908年对卡内基先生的访谈摘录开始。卡内基先生表示，热情对于清除头脑中的消极思想是必不可少的，只有这样，信念才能取代头脑中的消极思想。这是希望的一种表现，希望是培养信念所必需的，而希望、信念和热情对于取得成功而言都是必不可少的。卡内基先生详细介绍了拥有和保持热情所面临的诸多障碍，例如，健康状况不佳、酗酒。他解释了年轻的希尔所处的贫困的成长环境如何伴随着同等优势的种子，即希尔的继母灌输给他的热情，正是这种热情促使他成为一名杂志记者。

卡内基先生谈到了热情以及缺乏热情是如何"传染"并在一个企业、机构或家庭中传播的。热情是一种积极的心态，但它必须由自律加以控制，否则就可能被误导。每一个智囊团都必须有充满热情的成员，但也至少要有一个不热情的成员，以平衡和控制热情。

归根结底，热情就像践行信念一样，是超越思维阶段，并基于明确的主要目标，通过行动实施自己的重大计划所必需的要素。

在介绍了他与卡内基先生的访谈之后，希尔详细阐述了他的心得。他表示，热情是"行动的信念"和"思想的行动因素"，热情可以把消极的态度转变为积极的态度。他解释了为什么培养热情需要均衡与和谐的心态。他列举了拥有热情所能实现的许多积极事件，最重要的是将消极的情绪转化为积极的情绪，并为信念的培养做好心理准备。

希尔强调了成为一名能够打动他人的演讲者的重要性，因为话语是一个人展现热情的主要方式。随后，他讲述了自己与发明家托马斯·爱迪生的一次长时间访谈，以此展示了爱迪生先生对工作的热情如何驱使他本人发明了留声机并改进了白炽灯。希尔还提供了一份有用的清单，在其中列出了培养热情需要采取的步骤。他对世界的未来满怀憧憬，并对本章进行了总结，他的这种憧憬主要是基于他相信未来的人们会充满热情。

第三章希尔介绍了"有条理的个人努力"原则。本章同样是从希尔对卡内基先生的访谈摘录开始的。卡内基先生描述了领导力的31个特征，并强调了迅速采取行动的必要性。有条理的个人努力需要一个目标、一个计划、持续的行动和坚持不懈。取得成功的强烈渴望比书本上的知识更加重要。一个想要成功的人，不一定非得是天才。卡内基先生在访谈结束时告诉希尔，全世界的人们都将通过希尔所写的个人成功哲学的书籍获得物质财富和精神上的认识。单纯的物质财富有时具有破坏性，因此必须伴随着个人精神的启蒙和成长。

在访谈摘录之后，希尔对有条理的个人努力进行了分析。只有2%的人取得了成功，而其余98%的人都失败了，这是由39个人类缺点中的一个或多个导致的，这些缺点是有条理的个人努力的敌人。他列举了一些遵循这一原则的成功人士的案例，并表示该原则是"失败主义克星"。他讲述了两个人通过有条理的个人努力取得成功的故事。其中一个人受过良好的教育，另一个人则没有受过良好的教育，但他们都利用了自己的优点。希尔强调了盘点自己的优点并利用它们来实现自身目标的重要性。他表示，你需要"计划你的工作，并实施你的计划"。

本书中讲解的3项成功原则会指导你如何将自己的计划转化为行动。光靠念想、希望和做白日梦是不够的，你必须采取行动来实现你的目标。正如希尔所言，"空想并不会带来财富"。

唐·格林

拿破仑·希尔基金会执行董事

目录

第一章 | 践行信念 ⋯⋯⋯⋯⋯⋯⋯⋯⋯⋯⋯ 001

在本章中，卡内基先生通过阐述践行信念在培养自立能力过程中的应用，开始他对践行信念的分析。所谓的成功人士，是因为掌控了自己的思想，通过采取拥有明确的目标、组成智囊团、践行信念3个步骤，扫除了内心的恐惧感才得以实现成功。

对践行信念的简要介绍 ⋯⋯⋯⋯⋯⋯⋯ 002

访谈摘录一：践行信念原则 ⋯⋯⋯⋯⋯ 004

对践行信念原则的分析 ⋯⋯⋯⋯⋯⋯⋯ 036
——拿破仑·希尔

第二章 | 热情 ⋯⋯⋯⋯⋯⋯⋯⋯⋯⋯⋯⋯⋯ 083

热情是培养信念的重要因素之一，但热情需要控制，不受控的热情和没有热情一样有害。充满热情的人对工作、工作场所、个人健康、家庭氛围都会产生影响。文中提出22种阻碍热情的因素，缺乏热情的人无法成功。

访谈摘录二：热情原则 ⋯⋯⋯⋯⋯⋯⋯ 084

对热情原则的分析 ⋯⋯⋯⋯⋯⋯⋯⋯⋯ 133
——拿破仑·希尔

第三章 | 有条理的个人努力 ⋯⋯⋯⋯⋯⋯⋯⋯ 167

成功的领导者务必发挥个人主观能动性，并且具备 31 种特质。而想要取得成功，必须掌握有条理的个人努力原则。优秀的人需要具备 9 种品质，每一种品质都是有条理的个人努力不可或缺的一部分。

访谈摘录三：有条理的个人努力原则⋯⋯168

对有条理的个人努力原则的分析⋯⋯⋯⋯215
——拿破仑·希尔

关于作者 ⋯⋯⋯⋯⋯⋯⋯⋯⋯⋯⋯⋯239

第一章

践行信念

对践行信念的简要介绍

由于本章主题的深刻性，读者应该在做好思想准备之后再对其加以探讨。因此，我冒昧地对践行信念做以下简要的介绍性分析。

首先，请注意"践行"一词。我使用"践行"这个词，意在划清一般意义上的信念和本章所阐释的践行信念之间的界限。大多数人使用"信念"一词时往往漫不经心，而"信心"一词更接近许多人误用"信念"时所要表达的意思。还有许多人虽然谈论信念，却没有试图践行信念以实现自己的目标。

本章的目的在于阐述信念的确切含义，并提供践行信念解决现代日常生活中实际问题的方法。本章讨论的是付诸日常实践的积极的、激励性的信念，而不是消极的信念。

人们可以通过一种明确而可靠的方法，培养被称为信念的心态。本章的内容就是用通俗易懂的语言来介绍这种方法。本章并没有从神学的角度来探讨信仰这一主题。我做出这样的解释，是为了避免任何一个学习个人成功哲学的读者得出这样的结论：本书的这一章节意在影响人们的宗教信仰。

个人成功哲学意欲探讨的唯一哲理，是在实际生活中与重要的人际关系问题有关的正确思想和正确生活这一广义的、普遍的哲理。

此时此刻，请允许我强调这样一个事实：每当我使用"无限智慧"这个词时，读者需要清楚地认识到，我指的是一切生物体，从最渺小的微生物到宇宙最伟大的杰作——人类，进行生命活动所依靠的宇宙力量。

我对"无限智慧"的理解是这样的：这个在本章中反复使用的词，表现为人们认识和理解的地球上一切生物体所遵循的自然规律。在这里，我只讨论那些可以结合日常生活中的实际问题加以解释的规律和看得见的现象，我的目的不是否定那些运用个人成功哲学的成功者的已知经验作为坚实基础。

我希望读者不会给我所说的话赋予我本人无意表达的意思。

本章的主题会引起目前整个人类文明的兴趣，因为对信念这个主题进行了长期认真思考的人们达成的共识是，当前世界危机的根源毫无疑问就在于信念这一在任何地方都十分显著的力量遭到了肆意无视。无视信念力量的人们认为，这个世界以及所有生物体都无须相信信念的力量。

在本章中，我并不满足于仅仅告诫读者要心怀信念。自人类文明诞生以来，世人就一直在告诫人们要心怀信念，却很少有人做出有益的尝试，阐述一个人应该如何培养信念以解决日常生活中的实际问题。我将在本章中尝试阐述这点。学习个人成功哲学的每一位读者都必须运用自己的头脑，就信念这一深刻的主题得出自己的结论。如果本章仅仅是启发人们对信念进行认真的思考，那将会是毫无价值的，因为信念是一种只有通过认真的自我反省才能达到的心态，通过认真的自我反省，个人才能更好地理解自己思想的内在运作。

每个人的思想都与其他人不同，每个人对生活经验的反应也与其他人不同，因此，任何一个人通过信念这一媒介，清除自己头脑中的消极思想，从而为无限智慧的涌入做好准备的过程，需要依靠自己来完成。这是一件任何人都不能指导其他人去完成的事情。然而，我可以给出的建议是，在被点燃成执着之火的热情和渴望的支持下，通过明确目标的刺激性影响，这种被称为信念的心态的培养可以得到极大的促进。

读者在阅读本章的过程中，请注意安德鲁·卡内基着重强调了以行动为后盾的明确目标。没有行动的支持，任何渴望都不可能变得强烈并保持强烈的状态。

访谈摘录一：
践行信念原则

本节我将探讨一个被卡内基先生称为整个个人成功哲学的"发电机"的主题。他的意思是说，践行信念是一种力量，它赋予那些运用这一力量的人一种将个人成功哲学付诸行动的行之有效的方法。

在本章中，卡内基先生通过阐述践行信念在培养自立能力过程中的应用，开始了他对践行信念的分析，如果没有践行信念这一品质，任何人都不可能从本书的其他章节中受益良多。

早在有人类文明记录之时，就有证据表明，哲学家、心理学家和科学家已经认识到存在信念这种人类可以运用的力量。人类文明史上的众多证据表明，信念是一种不可抗拒的力量，它使那些运用这一力量的人能够跨越看似不可逾越的障碍。

古往今来，人们一直被告诫要心怀信念，但我无法获得任何真实的记录，就如何培养这种被称为信念的心态给出令人满意的解释。

通过这一章，卡内基先生和我将会就培养信念的方法提出我们的看法，并附上可靠的证据来证明我们结论的合理性。在这里，对信念这一主题的分析，将包括在践行信念作为解决日常生活中实际问题的适用力量方面我个人的经验以及我对其他人所做的观察。

分析将引导人们关注"信念"和"信心"之间的区别。分析中包括一个明确可行的公式，利用这个公式，拥有信念的人会变得更加自信。

卡内基先生在描述自己践行信念的方法时，第一次揭示了他惊人成就的秘密，此举为每一位读者提供了理解和践行信念力量的可靠方法。

显然，没有一种信念的践行方法能像帮助个人培养自立能力那样对个人有帮助，因为我们所说的"有'信'者，事竟成"绝不仅仅是一种诗意的表达。凡是亲身经历过的人都知道，有一种心态以热情、主动性、想象力和明确的目标来激励一个人克服一般困难，并在没有强大阻力的情况下将自己的计划进行到底，直至获得成功。我们将这种心态称为自立，但如果我们仔细研究这种心态发挥最大作用的那些场合，就会发现，这种心态具有一种远远胜过单纯自信的品质。

本章始于对自信所做的分析，这与1908年我和卡内基先生在他的书房会面时，卡内基先生就自己对于这个问题的理解向我所做的解释如出一辙。

希尔：

卡内基先生，您激励我从事一项可能需要花费我大半生时间的工作。这项工作需要远超我所拥有的自信。因此，我想请您告诉我，我应该如何培养信念，从而克服研究过程中可能遇到的障碍。

卡内基：

你问了我一个所有追求非凡成就的人都非常感兴趣的问题，而我的回答也许会阐述17项成功原则中最重要的1项原则。你可以把它看作"践行信念"，而且你应该强调，它是人们取得成就的一个因素，它给所有运用它的人带来了力量。它是一种伟大的平等力量，真正使所有人平等。

希尔：

　　卡内基先生，我是否可以把您的话理解为人人生而平等呢？您的意思是说，拥有极强自立能力的人天生就拥有这种特质吗？

卡内基：

　　现在，在你犯下和其他许多人一样的错误之前，让我假设那些获得成功的人天生就拥有其他人所不具备的某些独特的天才品质，以此帮助你把这个至关重要的问题弄清楚。自信是一种受个人控制的心态，而不是一种一些人具备而另一些人缺失的先天特质。自信分为不同的程度，我会在稍后对其产生的原因加以解释。最高程度的自信建立在对无限智慧的信念之上，而且可以肯定的是，除非人首先建立起与无限智慧的联系并对无限智慧抱有明确的信念，否则没有人可以达到最高程度的自信。

　　建立自信的起点是拥有明确的目标。这就是为什么这个原则在我和其他许多人的个人成功哲学中被置于首位。

　　众所周知，一个人如果清楚地知道自己想要什么，有明确的计划去获得自己想要的东西，并真正致力于实施自己的计划，就不难相信自己有能力取得成功。同理，优柔寡断、拖拖拉拉的人很快就会对自己的能力失去自信，最终无所作为。人们理解这一点没有任何困难之处。

希尔：

　　但是，当一个人知道自己想要什么，有为获得想要的东西的计划，并将自己的计划付诸实施，但却遭遇失败时，又会发生什么呢？失败不会摧毁自信吗？

卡内基：

　　这正是我希望你提出的问题，这让我有机会纠正你所犯的一个许多人常犯的错误。失败有一个独特的好处值得强调，那就是，每一次失败本身，都带有同等优势的种子。当你研究了各行各业真正伟大的领袖后，你会发现，他们的成功与他们对失败的掌控完全成正比。

　　生活有办法通过暂时的挫折和失败来培养个人的力量和智慧，而且我们不要忽视这样一个事实：现实中不存在永久的失败，除非这样的情况得到承认。

　　头脑的力量格外强大，除了个人在其中建立的限制之外，头脑没有任何限制。打破头脑中的限制需要依靠信念，而对无限智慧的信仰是所有信念的源泉。一旦你明白了这个道理，你就不需要担心缺乏自信了，因为你将非常自信。每一位伟大的哲学家都提醒过我们这一真理。

希尔：

　　但是，卡内基先生，大多数人都不是经验丰富的哲学家，他们也必然不会相信，在某个时刻自己经历的失败，会伴随着同等优势的种子。现在，我想知道的是，当一个人遭遇失败，失败的经历摧毁了他的自信时，他该怎么办？这样的人该向谁求助以恢复自信呢？

卡内基：

　　你提出了一个乍看似乎很难回答的问题，但正如我将要解释的那样，表面现象是具有欺骗性的。我可以这样简要地回答你：人们防止被失败打倒的最好方法，就是训练自己的头脑，在失败来临之前去面对失败。人们要做到这一点，最好的办法就是养成习惯，使自己能够完全掌控头脑。不论是完成最琐碎的日常任务还是完成重大任务，只要掌控大脑就能实现目标。

我知道你的下一个问题是什么，所以我将提出并回答这个问题。你想知道，一个人如何才能完全掌控自己的头脑，寻找这个问题的答案是整门个人成功哲学的工作，因为没有人可以完全掌控自己的头脑，除非他吸收了这门哲学的所有原则知识并将其付诸实践。正如我说过的，第一步是确定一个明确的主要目标。

第二步是组成一个智囊团。

第三步是进行一种我称之为"践行信念"的心理训练，我现在正在分析这种心理训练形式的细节。信念是赋予其他原则效力的力量，是一种任何人都可以培养和拥有的心态。

在开始分析人们借以获得信念的公式之前，我要提醒你的是，通过一种被称为"和谐吸引法则"的作用，同类会相互吸引。借助这一法则，成功人士会通过其对实现自身主要目标的强烈渴望，自觉或不自觉地培养自己的成功信念。众所周知，成就斐然的人都会形成这样一种习惯：执着于自己明确的主要目标。稍后我将提及其中一些广为人知的例子。

希尔：

卡内基先生，一个人应该如何着手培养您提到的那种执着的心态呢？

卡内基：

　　这种心态是通过确定一个明确的主要目标，并以实现这一目标的强烈渴望为后盾而形成的。在这里，潜意识形成的习惯变成了行动。这种习惯可以通过将一个人的目标作为头脑中的主导思想来实现。

　　如果目标背后的渴望足够强烈，就会在头脑中唤起一幅有关目标的画面，并使头脑在没有被不那么重要的事物占据时，对这幅画面念念不忘。

　　所有的执着都是这样形成的。一个人思考和谈论一个想法或计划的次数越多，就越接近于执着。在这里，智囊团讨论会成了激活一个具有必要执着品质的人的思想的强大因素。

　　也许你曾听人说过，一个人最终会相信他经常重复的任何事情，哪怕那是一个谎言。这是真的。重复原则是一种媒介，通过它，一个人可以将自己的渴望燃烧成熊熊烈焰。

　　任何口头表达的想法，通过智囊团讨论会或其他方式日复一日地不断重复，最终都会被潜意识所控制，并被付诸实践从而产生合情合理的结果。所有根据自己的情况，通过世人通常所说的成功，让自己的生活得到回报的领袖，都是按照我所建议的方式，给自己的头脑下达命令从而做到这一点的。头脑可以接受并执行命令，它就像一个人一样，首先会根据一个人占主导思想的想法行事，不管这些想法是否是以直接命令的形式下达的。如果一个人头脑里想的是受限与贫困，那么这些想法被付诸实践并产生合情合理的结果，即贫困。潜意识作用于一个人的想法，但丝毫不会试图修正或改变想法的本质。此外，不管一个人是否意识到这种作用，潜意识都会自动地发生作用。

希尔：

　　卡内基先生，我想我清楚地理解了您的意思，您是说一个人可以通过思考自己想要做什么和能够做什么，以及不去想在实施计划过程中可能遇到的困难来建立自信，对吗？

卡内基：

　　你的理解完全正确。当我还是个工人的时候，曾听到一个工友说："我讨厌贫穷，我无法忍受贫穷。"他现在还在做临时工，有幸拥有一份工作。你看，他一门心思想的都是贫穷，这正是他的潜意识带给他的东西。

　　如果他说："我喜欢财富，而且我会赚来财富。"那情况就不一样了。如果他再往前走一步，说明他打算提供什么样的服务来换取他想要的财富，那同样会有所帮助。

　　不要误解这样一个事实——头脑通过最快捷、最经济实用的方法，利用实现一个人渴望所包含的目标的一切机会，获取它念念不忘的物质等价物。

　　当两个人或更多的人为了实现一个明确的目标而齐心协力时，他们实现同一个目标的速度会比他们单打独斗时快得多。

　　当一个商业组织中的领导者开始本着和谐吸引法则一起思考、交谈和行动时，他们通常都会得到他们想要的东西。诚然，人们可以谈论和思考自己想要的任何东西。想法是拥有强大力量的事物，当这些想法被一个明确知道自己想要什么的人用话语表达出来时，它们会更加强大；当这些想法被一群一起思考、一起交谈和一起行动的人用话语表达出来时，它们会比经一个人之口表达出来时更加强大。

信念造就伟大的领袖。

恐惧形成畏畏缩缩的跟随者。

希尔：

我认为我理解了您的推理，卡内基先生，您的推理似乎是合理的。您所说的话，让我明白了，当人们开始就明确的目标共同思考并采取共同行动时，他们很快就会找到实现这一目标的方法。这是您的看法吗？

卡内基：

这不仅是我的看法，而且是事实。如果报纸开始刊登有关战争的报道，人们开始在日常生活中思考和谈论战争，他们很快就会发现自己身处战争之中。人们得到的是他们头脑中念念不忘的东西，就像适用于个人一样，这种情况同样适用于一个群体、一个社区。

希尔：

学习个人成功哲学的人们可能希望更多地了解如何应

用您所阐述的原则。因此，您能否解释一下，您究竟是如何运用这些原则获得成功的？

卡内基：

这是一个很好的想法，我将根据这一想法，描述当我把我在钢铁行业的所有财产合并成美国钢铁公司时所发生的事情，因为那是我职业生涯的最高成就。

不过，请记住，尽管我决定将我在钢铁行业的所有财产合并成美国钢铁公司时所遵循的程序，与一个在运用自立能力不如我熟练的人为了获得成功而必须遵循的程序大致相同，但这桩特殊交易是在我养成自立能力很久之后才进行的。

第一，我运用明确的目标这一原则，决定将我在钢铁行业的所有财产合并成一家公司并将其出售。这个决定需要深思熟虑，因为这意味着如果我将全部财产悉数出售，我将放弃在商业领域的积极工作，从而改变我的整个生活习惯。

第二，在决定出售全部财产之后，我把智囊团中的某些成员召集在一起，我们花了几周的时间分析和讨论我财产的价值，以便我可以为自己的财产设定一个合理的价格。我们还必须制订一个计划来寻找买家，并确定与潜在买家接触的方式、方法，以免因为买家事先知道我们渴望出售这些财产而使我们陷入非常不利的境地。

当这个计划最终完成时，它代表了所有参与讨论的智囊团成员和我本人的共同努力，计划的制订使我们不再处于主动出售财产的位置，而是由买家提出购买这些财产。

我们几乎没用什么策略就做到了这一点。我们在美国纽约市安排了一场晚宴，我的首席顾问查尔斯·施瓦布（Charles Schwab）和一批被我们筛选为潜在买家的华尔街银行家将出席这场晚宴。

查尔斯·施瓦布被安排在晚宴上发言，按照我们先前的计划，他在发言中生动地描绘了将我的钢铁行业的财产合并成一家公司的巨大可能性，并对日后成立接管这些财产的美国钢铁公司的运营公司进行了最细致的描绘。

这次发言完全是自发的，因为查尔斯·施瓦布明确表示，他所概述的计划只有在得到我的同意之后才能实施，而且他没有表示已经征得我的同意。

查尔斯·施瓦布的发言给人留下了深刻的印象，晚宴一直持续到深夜，在查尔斯·施瓦布离开之前，在场的银行家包括摩根在内，都从他那里得到了一个承诺：他会把拟议的计划提交给我，并尽其所能取得我的同意。直到交易达成，我得到回报许久之后，银行家才知道，查尔斯·施瓦布的发言是提前几个月精心策划的，但当他们告诉我，如果我当时要求他们为我的财产再多支付一亿美元，他们照样会支付时，他们扭转了局面，并让我成了受嘲弄的对象。

希尔：

我从您的故事中发现，您对出售自己财产的能力十分自信，以至于您在知道谁是最终的买家之前就事先计划好了每一步行动，是这样吗？

卡内基：

是的，每一步行动都是事先计划好的，但我们很清楚谁将成为我们最终的买家。然而，我们对这一桩特殊交易所制订的计划并不比我们在钢铁行业运作中所制订的每一项商业行动计划更加仔细。

当信念有明确的计划作为后盾时，它就有了更加坚实的支撑。

我要在个人成功哲学中强调这一点。践行信念从来都不是建立在盲目行动的基础上。我对盲目的信念一无所知。我所知道的唯一一种信念，是由事实的某种组合或对事实的合理假设所支持的信念。智囊团的一个明确的主要目标就是为人们提供可靠的知识，让人们在此基础上制订计划。有了这些知识，你就可以很容易地明白，培养被称为"信念"的心态是多么容易的。

希尔：

您刚才所说的似乎与您先前所说的"最高程度的自信建立在对无限智慧的信念之上"不一致。如果您不承认盲目的信念，而是只相信能够被证明的事实或知识，那么既然很难找到关于无限智慧的确切知识，您又是如何证明您对无限智慧的信念是正确的呢？

卡内基：

你犯了这样一个错误，即你认为不存在关于无限智慧的确切知识的来源。事实上，无限智慧的运作方式和原理比任何其他事实都更容易证明，但我将只提供一些我如此认为的理由。

所有自然规律的井然秩序以及我们对宇宙的所有认识，都无可争辩地证明，这一切的背后存在一种普遍的智慧形式，这种智慧形式远远优于我们人类所理解的智慧形式。

我可以看到这种更伟大的智慧在所有生物体中发挥作用，从最渺小的微生物到人类本身。

我可以从恒星和行星可预测的运行和位置中看到这种智慧，人们可以提前几百年就计算并预测出这些恒星和行星的确切位置。

我可以从下述现象中看到这种智慧：人体是由无数比针尖还小的细胞构成的，这些细胞蕴含物质、能量和智慧，并携带着从人类祖先继承来的基因。

我可以从将一颗橡子和一把泥土变成一棵橡树的自然过程中看到这种智慧，我可以在橡树依附于大地这一无与伦比的过程中看到这种智慧，橡树因为依附于大地从而成功地抵御了风暴，获得了营养，而不必离开它在大地上的最初位置。

我可以从橡树叶对称的图案和巧妙的呼吸作用中看到这种智慧，橡树通过叶子的呼吸作用从空气中吸收维持生命所需的氧气。

我可以从物理定律和化学知识中看到这种智慧，人们可以通过物理定律和化学知识找到许多证据，证明物质尽管可以从一种性质转变为另一种性质，但物质既不能被凭空创造也不能被毁灭。

我可以从我所制造的钢铁的原子中以及各种金属被结合成所谓钢铁的过程中看到这种智慧。

有许多理论是无法证明的，但无限智慧并不是其中之一。我不妨在这里告诉你，我相信，我们借以思考和推理的力量，只不过是通过人的头脑发挥作用的无限智慧中的一小部分。

相信建立对无限智慧的信念并不难，因为我们几乎被大量无法回避的证据包围着，这些证据证明了无限智慧的存在。想想为什么我们吃的每一口食物和我们穿的每一件衣物的原材料，都是通过一种绝非人类可以复制的方式，产自大地的土壤并被置于每个人触手可及之处。此外，为人类提供这种服务所借助的智慧格外丰富，它同样供人类以及能力较弱的生物使用，从而证明了无限智慧充满力量。

当我们谈论无限智慧这个话题时，我是否可以提醒你注意这样一种可能性，不，应该说是概率：正是让我取得成功并使你我相聚在一起的无限智慧，作为一种实用的方法，给世界带来一种可行的哲学，通过这种哲学，人们可以更好地理解和利用在他们周围大量存在的他们需要的所有东西？我希望你能认真考虑一下这个想法，因为很明显，无限智慧通过人的头脑发挥作用，并利用现有的最实用的自然媒介来运行。一旦你形成了这样的观点，你就能更好地依靠信念来完成我交给你的工作。没有这样的信念，就算你的工作有可能完成，也会困难重重。有了这样的信念，你就不会遇到无法克服的阻力。

你提到，我交给你的工作所需的自信比你拥有的自信还要多。那么，在这里，我向你提供一个观点，如果你接受这一观点并按照这一观点行事，它将为你提供一种远远优于自信的激励形式。它将使你获得充分的信念，有了这样的信念，甚至在你开始工作之前，你的成功就已经有了保证。

我真诚地希望你能够敞开心扉，接受这一信念的指引，因为我让你承担的工作需要二十多年的研究，在此期间，你的劳动所获得的直接报酬将是微不足道的。

这项工作需要信念，但它也是对我选择你来完成这项工作的判断的可靠考验。如果我没有做出不明智的选择，那么你将会完成我安排给你的工作，这个世界会因为你的努力而变得更加富有，而你最终也会因为所提供的服务而变得更加富有。

希尔：

卡内基先生，也许我会受到您的斥责，但请允许我解释一下，我询问您关于无限智慧这个话题的信念，决不表示我缺乏这种信念。我只想听听您对这个话题的看法，以便把它教给学习个人成功哲学的其他人。我很高兴我提出了这个问题，因为我现在知道，为了培养自立的能力我必须依靠无限智慧这个来源，我同意您的看法，这确实是一个可靠的来源。

我只是一个年轻人，生活经验有限，但我生活的时间足以让我认识到您提到的关于无限智慧的大量证据。当您说话的时候，我的脑海里闪过这样一个念头：人的头脑及其接收、记录和回忆思想的复杂系统，是您关于对无限智慧的信仰是所有信念、思想真正源泉这一理论的最有力证据。如果这一理论是正确的，那么正如我所相信的那样，同理，在解决我们日常生活中实际问题的所有来源中，最大的来源是通过我们自己的头脑获得的。我是否正确地理解了您对这个话题的看法呢？

卡内基：

是的，你已经理解了，而且理解得非常迅速！既然你已经跟上我的脚步，我想带你了解头脑中蕴藏的巨大资源。

一旦你对头脑的实际作用有了完整的认识，我相信，你再也不会缺乏利用你的头脑提供的力量来满足生活所需的自立能力。我也相信，当你遇到无法解决的问题时，你可以拓宽视野，接受无限智慧的引导。

在我看来，以下这些都是头脑中蕴藏的巨大资源的一部分：

众所周知，头脑是一个人唯一可以完全控制的东西，我认为头脑的这种特性十分重要，是人类宝贵的资产。它同样承担利用和开发这一资源的责任。

仅次于控制头脑这一权利的，是一个重要的事实，即头脑被明智地赋予了一种良知，以引导头脑使用自己所具有的巨大力量。

同样非常重要的事实是，当消极思想产生，头脑可以将其屏蔽。

通过潜意识，头脑巧妙地获得了一个接近无限智慧的通道。这个通道无法自动开启，只能由在信念上首先准备好的头脑开启。然而，当人们需要与别人交流时，它可以由无限智慧自动开启，而不需要人的同意。人对自己头脑的控制只与他的意识有关。

头脑被赋予了想象力，在想象中可以形成将希望和目标转化为现实物质的方式和方法。有人说想象是头脑的"内部车间"。我不确定这一说法是否正确，但有证据表明，想象是意识的"车间"。

头脑被赋予了刺激能力——渴望和热情，有了这种能力，人们的计划和目标就可以通过想象力来实现。

头脑被赋予了意志，通过意志，计划和目标都可以无限期地持续下去，从而使人拥有足够的力量来控制头脑中的恐惧、气馁和阻碍情绪。

头脑被赋予了信念，通过信念，意志和推理能力可以被控制，而头脑被无限智慧引导。理解这一事实的全部意义，你就会逐渐了解培养信念的方法。

通过第六感，头脑已经巧妙地准备好与其他思想建立直接联系（在智囊团原则的影响下），通过这种联系，一个人的头脑可以把其他人头脑中的刺激力量增加到自己的力量中去，其他人头脑中的刺激力量有时可以非常有效地刺激这个人的想象力。

头脑被赋予了推理能力，通过推理，事实和理论可以转化为假设、想法和计划。

头脑被赋予了演绎能力，通过演绎，头脑可以借助对过去的分析来预知未来。这个特征解释了为什么哲学家为了预见未来会回顾过去。

头脑被赋予了选择、修改和控制其思想本质的力量，从而赋予人类养成发号施令的性格以及确定用什么样的思想支配自己头脑的特权。

头脑被赋予了一个奇妙的"档案系统"，通过记忆来接收、记录和回忆它所表达的每一种思想。此外，这个奇妙的系统还会自动地对相关的思想进行分类和归档，如此一来，回忆某个特定思想就会让人回忆（或记）起与该思想相关的其他思想。

头脑被赋予了情感和情绪的力量，通过这种力量，头脑可以随心所欲地刺激身体做出任何想要采取的行动。

头脑被赋予了在绝对沉默的情况下秘密运作的力量，从而得以在任何情况下确保隐私。这是多么强大的力量啊！

头脑拥有接收、组织和储存知识的无限能力。

头脑拥有帮助身体保持健康的力量，这种力量显然是人们治疗身体疾病的基础，所有其他治疗方法都只是起到一定的辅助作用。头脑还可以调节维持身体健康的修复过程。

头脑自动地调节人体内的化学反应过程，通过这些化学反应过程，头脑调节消化系统将所有人们摄入体内的食物转化成维持身体运转所需的营养物质。

头脑使心脏得以自动运转，血液通过心脏的推动流经人体各部位，在此过程中，血流将营养物质运送到需要营养物质的部位，并带走人体内产生的废物和衰老的细胞。

头脑具有自我约束的力量，通过这种自我约束可以养成任何想要具备的习惯，或者轻松地修正和改变任何习惯。

头脑是一个共同的"聚会场所"，在此，人们可以通过信念控制意志，并开启头脑因潜意识而获得的通道。

头脑是人类为了便于在物质世界中生活而形成的每一种思想，创造的每一种工具的唯一生产者。

头脑是一切幸福和痛苦的唯一来源，同时也是一切性质的贫穷和财富的唯一来源，头脑还将自己的精力投入到思想力量所支配的所有方面。

头脑是一切人际关系的源泉，根据头脑的使用方式，它是友谊的建立者或敌人的制造者。

头脑具有抵抗和防御一切外部情况和环境的力量，尽管它无法一直控制这些情况和环境。

在合理的范围内，头脑没有任何限制，除了个人由于缺乏信念而自己建立的限制！诚然，"精诚所至，金石为开。"

头脑具有随时从一种情绪转换到另一种情绪的能力。因此，头脑永远不会受到无法修复的损害。

头脑可以通过睡眠，在暂时的无意识状态中得到放松，并在几个小时内做好重新启动的准备。

头脑使用得越频繁，就越强大可靠。

头脑可以把声音转化成音乐，使身心得到休息和抚慰。

头脑可以在瞬息之间将人类的声音传遍地球。

头脑可以使原来只长一片草的地方生长出两片草。

头脑可以制造一台印刷机，印刷机一端接收一卷纸，几秒钟后就在另一端变成一本完成印刷和装订的书。

头脑可以建造一座高达数百英尺①的摩天大楼，它还可以在最宽的河流上架设一座由细绳编织的绳索吊起的桥梁。

头脑只需按一下按钮，就可以随心所欲地感受到白炽灯带来的光。

头脑可以把水转化成蒸汽，再把蒸汽转化成电能。

头脑可以随意控制加热温度。

头脑可以通过摩擦两块木头来生火。

头脑可以制造出利用琴弦来演奏音乐的乐器。

头脑可以根据星星的位置精确定位地球上的任何位置。

头脑可以利用万有引力定律，使其以无数种不同的方式为人类工作。

头脑可以制造出一台利用空气发电的机器。

头脑可以制造出一架在空中安全运送人类的飞机。

头脑可以制造出一台让光线穿透人体从而拍摄出骨骼

---

① 1英尺＝0.3048米。

的影像但又不会对人体造成伤害的机器。

头脑可以毁灭丛林，也可以将沙漠变成充满生命力的花园。

头脑可以利用海洋的波浪，并将其转化为机械运转所需的动力。

头脑可以生产出不会破碎的玻璃，并将木浆变成衣服，作为人的装饰品。

头脑可以把失败的绊脚石转变成登高的垫脚石。

头脑可以制造出一台能够检测谎言的机器。

头脑可以通过圆弧的最小片段准确地测量出任何圆形的面积。

头脑可以将不同种类的食物密封起来并无限期保存。

头脑可以借助一台机器和一张唱片，记录和再现包括人类的声音在内的任何声音。

头脑可以借助一块玻璃和一条胶片，记录和再现任何有形物体的任何颜色或运动。

头脑可以建造出一台可以在空中、水上、水下或地面上行驶的机器。

头脑可以制造一台机器，这台机器可以在最茂密的森林里犁出一条路来，并把树木像玉米秸秆一样碾碎。

头脑能制造出一把铲子，它一分钟就能铲起多达数吨的泥土，相当于十个人一天的搬运量。

头脑可以利用地球南北极的磁极，借助指南针精确地确定方向。

信念鼓舞一切正确的事。

恐惧助长一切错误的事。

虽然人类拥有这种神奇的力量，但是世界上的大多数人却都被存在于他们想象中的对困难的恐惧吓倒。人类的头号敌人正是恐惧！

我们在拥有过剩的财富中害怕贫穷。

我们害怕健康状况不佳，尽管大自然为我们提供了一个巧妙的系统，使我们的身体得以自动地保持正常运转。

我们害怕批评，而实际上，除了我们通过自己的想象产生的批评之外，并不存在批评。

我们害怕失去亲朋好友的爱，尽管我们深知，自己的行为足以在人际关系的所有一般情况中维持爱。

我们害怕衰老，尽管我们应该将衰老视为一种获得更加强大的智慧和理解力的媒介。

我们害怕失去自由，尽管我们知道自由就是与他人和谐相处的人际关系。

我们害怕死亡，因为我们知道死亡是不可避免的，而我们无法控制死亡的来临。

我们害怕失败，却没有意识到每一次失败都会带来同样有利的种子。

我们曾经一度害怕闪电，直到本杰明·富兰克林（Benjamin Franklin）、托马斯·爱迪生以及其他一些罕见的敢于掌控自己头脑的人证明，闪电只不过是一种可以利用并且可以造福人类的能量。

我们没有通过信念拓宽视野，以接受无限智慧的引导，而是基于不必要的恐惧，用形形色色想象出来的限制紧紧关闭我们的头脑。

我们没有环顾四周，从空中的飞鸟和丛林中的野兽身上学到：即使是不会说话的动物，也需要摆脱无用的恐惧情绪，机智地获得食物和生存的必需品。

我们抱怨机会太少，并大声反对那些敢于掌控自己思想的人，却没有意识到，每一个拥有健全思想的人都有权利和力量为自己提供所需的或能够使用的一切物质。

我们害怕痛苦引起的不适，却没有意识到痛苦是一种普遍的语言，它警告人们改正恶行。

因为我们的恐惧，我们为了一些可以自己解决而且应该自己解决的细枝末节付出努力；之后，当我们没能得到想要的结果时，就会放弃并失去信念，却没有意识到我们有责任为我们已经拥有的幸福表示感激。

我们通过战争的方式，将发明的启示转化为毁灭的工具。然后，当补偿法则通过萧条对我们进行恰当的惩罚时，我们又会大声疾呼以示抗议。

我们把丛林中的动物称为"不会说话的野兽"，却没有意识到，尽管它们"不会说话"，但它们不参与战争，也没有萧条期。

我们用羡慕、贪婪、嫉妒、欲望和恐惧亵渎我们的头脑，之后又想知道为什么信念没有给予我们好处，却没有意识到，就像油和水不可能混合在一起一样，信念也不会与这些心态融为一体。

你问我，"一个人应该如何培养信念？"我会告诉你该怎么做。信念可以通过将信念的敌人从头脑中清除出去而得以培养。清除头脑中的消极思想、恐惧和自我强加的限制。信念可以不费吹灰之力就填满了头脑。如果你不相信我的话，你可以亲自试一试，这样你就会永远坚信这些道理了。

我再说一遍，被称为"信念"的这种心态并没有什么大秘密。给它一个栖身之地，它会毫不客气地进入甚至不请自来。我们停止谈论信念，并开始践行信念。还有什么比这更简单的吗？谁会如此短视，竟认识不到我所描述的如此简单可靠的培养信念的方法？

我们很少通过被称为"信念"的简单心态来解决我们日常生活中的实际问题。

如果我说的这些话显得朴实无华，请放心，那是因为我觉得人们需要朴素话语加深影响，使人们认识到他们需要或想要的一切都已经在他们的掌控之中。他们需要做的就是掌控自己的头脑！一个人要做到这一点，除了他自己，没有其他人可以咨询。追求自由以及丰富的物质生活必需品和奢侈品的方法就是运用个人的头脑。头脑是一个人唯一能够完全控制的东西，但也是很少被明智运用的东西。

请把我的话转达给学习个人成功哲学的人们。请用我告诉你这些话时所用的同样炽热的话语，把我的话解释给他们听。不要在意那些不赞同我的人，而是要为了那些准备倾听个人成功哲学并愿意将其加以利用的人，毫无保留地传达我的话！

世界难得因一个人的存在而得到祝福，这个人能够掌控自己的思想并将其用于造福人类。世界上出现了一个个天才：托马斯·爱迪生、亚里士多德、柏拉图，或者一个在某个有用领域里的掌控头脑并付诸行动的伟大领袖。

古列尔莫·马可尼（Guglielmo Marconi）掌控了自己的头脑，并利用它揭示了无线通信的原理。

托马斯·爱迪生掌控了自己的头脑给世界带来了白炽灯和其他100种造福人类的有用装置。

尼古拉·哥白尼（Nicolaus Copernicus）和乔尔丹诺·布鲁诺（Giordano Bruno）分别掌控了自己的头脑，尼古拉·哥白尼创立了日心说，乔尔丹诺·布鲁诺热情宣传日心说，这引起了人类宇宙观的重大革新。

克里斯托弗·哥伦布（Christopher Columbus）掌控了自己的头

脑，开辟了新航路。

奥维尔·莱特（Orville Wright）和威尔伯·莱特（Wilbur Wright）掌控了自己的头脑，给人类插上了一双翅膀，使其得以在天空中飞行。

约翰内斯·谷登堡（Johannes Gutenberg）掌控了自己的头脑，用铅合金制成活字版，用油墨印刷，为现代金属活字印刷术奠定了基础。

罗伯特·富尔顿（Robert Fulton）掌控了自己的头脑，通过汽船使人类得以在海洋上行驶。

亨利·福特（Henry Ford）掌控了自己的头脑，在世界上第一次将流水线应用于机械制造，大大提高了生产效率，使汽车的价格是平常百姓也能够承担得起的。

西奥多·罗斯福（Theodore Roosevelt）掌控了自己的头脑，下令开凿连接太平洋和大西洋的航运要道——巴拿马运河，给美国提供了更加有效的保护措施，以抵御敌人对美国海岸发起的攻击。

伊莱·惠特尼（Eli Whitney）掌控了自己的头脑，发明了轧棉机，解决了困扰美国南方种植园的难题。

斯蒂芬·福斯特（Stephen Foster）短暂地掌控了自己的头脑，给我们带来了富有丰富灵魂的歌曲。

拉尔夫·沃尔多·爱默生（Ralph Waldo Emerson）掌控了自己的头脑，以他关于独立的民族文化与文学及其他主题的文章丰富了这个世界。

艾萨克·牛顿（Isaac Newton）掌控了自己的头脑，揭示了任何两个质点都存在通过其连心线方向上的相互吸引的力的万有引力定律。

塞缪尔·亚当斯、约翰·汉考克和理查德·亨利·李掌控了自己的头脑，参与了一场使美国获得思想自由和行动自由的运动。

莪默·伽亚谟（Omar Khayyam）掌控了自己的头脑，创作了《鲁拜集》（the Rubaiyat），享有世界性的声誉。

塞缪尔·莫尔斯（Samuel Morse）掌控了自己的头脑，发出了世界第一条商业线路上的第一份电报，亚历山大·格雷厄姆·贝尔

（Alexander Graham Bell）掌控了自己的头脑，发明了电话。

塞勒斯·麦考密克（Cyrus McCormick）掌控了自己的头脑，发明了收割机，极大地提高了农业生产效率。

詹姆斯·杰罗姆·希尔（James Jerome Hill）掌控了自己的头脑，将圣保罗–太平洋铁路向西延筑，1983年铁路通达西雅图，成为美国铁路建筑史上的一大壮举。

此外，如果我可以提出关于自己工作的个人说法，我要说的是，我必须掌控自己的头脑，发展美国钢铁公司并将财富带给美国。

这些基于信念的自立的例子是众所周知的！

让我们从这些杰出成就的例子中汲取一个我们都需要知道的重大教益，这个教益就是一个显而易见的事实：自立和信念建立在明确的目标之上，并以明确的行动计划为后盾！

开启培养信念的最好的方法就是确定一个目标，并立即开始通过任何可用的媒介来实现这一目标。拖延和信念没有任何共处之道。

我们最大的弱点是我们无法掌控和运用我们的头脑。

希望在不久的将来，某个人，也许是某个无人知晓的人，会掌控自己的头脑，从默默无闻中走出来，出现在人们的面前，并激励人们更充分地利用自己所拥有的。

这个人可能正在某个地方为这一目标做着准备。也许他正经受着艰难困苦、失望沮丧和灰心丧气的考验，正如几乎所有其他伟大的领袖一样，都为自己的目标经受了磨炼。

还有其他一些未知的人物可能会从某个地方涌现出来，并激励人们更好地利用他们所拥有的大量机会。

通过这些尚不为人所知的人的领导力，我们将得到：

教育体系的优化。

在政治领域的公道正派。

汽车和航空运输安全的保障。

雇主和雇员之间工作关系的改善。

农产品耕种和销售方法的改进。

有效对抗日益严重的酒精饮料上瘾的解毒剂。

更好的公共卫生设施。

治疗感冒的方法。

治疗癌症的方法。

在不诉诸战争的情况下解决国际争端的可行方案。

更加有效的犯罪控制措施，以及通过预防措施消除当前许多犯罪因素的可行计划。

更加公平地税负分摊方式。

更加有效的经济收税手段。

消除政府管理中浪费现象的途径。

使寻求公职的人为自己的职责做好准备的外交学校和政治才能学校。

为每一位公民提供的更廉价、更好和足够宽敞的住房。

更加廉价的新型汽车燃料。

在美国每个州设立的一个宣传本州资产的宣传部门。

为企业领袖提供一些适当奖励，为他们经常遭受的诽谤给予补偿。

对于那些希望通过有益的努力来培养自立能力的男男女女的想象力而言，这只是一点点可供使用的"养料"。人们应该利用这些机会和其他机会发展自我，掌控自己的思想并依靠自己。

他们必须接受这样一个事实：头脑有能力将失败转化为成功，它是想象力、远见、热情、积极主动以及所有形式的人类努力的主宰。

他们还必须认识到这样一个事实：头脑可以随意地从宇宙中的一个地方到达另一个地方。头脑会随着不断使用而变得更加强大和可靠。头脑可以发现自然规律，从而准确地厘清地球数十亿年的历史。头脑对所有使用它的人都是免费的。头脑以其支配思想的等价物来包装自己。头脑可以以一千种有益的方式驾驭和利用各种自然规律。头脑可以通过雷达测量，测量地球与太阳之间的距离。

简而言之，信念的培养基本上就是要理解头脑的惊人力量，因为很多证据证明了头脑就是惊人力量的来源。

人类在理解信念的过程中，经常错误地给信念披上神秘的外衣，而信念唯一的真正谜团是人类没能运用信念！

我们对信念的宣传太多，而对信念的践行却太少。当我说人们可以像获得并有效和容易地运用任何其他心态一样获得和运用信念这种心态时，我是从个人经验的角度说这番话的。这完全是理解和应用的问题。诚然，"没有行动的信念是没有生命力的。"没有行动的信念也是不可能的，因为除了行动，一个人还能如何践行信念呢？

我年轻时被贫穷和机会不足所困扰，这是所有认识我的人都知道的事实。现在，我不再被贫穷所困扰，因为我掌控了我的头脑，这种头脑已经把我想要的一切物质都给了我，而且比我需要的多得多。信念不是我独有的特权！它是一种普遍的力量，最普通的人和最伟大的人都可以拥有这种力量。

希尔：

卡内基先生，您对人类头脑可能性的描述既有趣又富有启发性。在我读过的所有关于心理学和头脑工作原理的书籍中，我都没有发现任何叙述接近，甚至近似于您对头脑所具有的各种力量的描述。您是从哪里了解到这些知识的？

卡内基：

我从生活大学——这所伟大的学校中学到了我所掌握的关于头脑力量的知识！多年来，我习惯每天花一定的时间静心冥想和思考头脑中的计划、目标以及头脑工作原理。

不管怎样，我将在有生之年继续保持这一习惯。此外，我也衷心地把这一习惯推荐给所有希望更好地了解自己头脑力量的人。

在一些发达国家，我们拥有优秀的公立学校体系。我们拥有很棒的教学楼和教学设备。我们拥有学识渊博的教师。除了教授帮助学生谋生这种实用知识之外，我们应该教授一切想象得到的东西。我希望个人成功哲学这一课程能够进入公立学校，并通过展示心理训练的秘诀，成为完善公立学校体系的有益因素。

希尔：

通过您对头脑力量的分析，我发现，您强调了行动作为培养自立能力的手段的重要性。卡内基先生，就这个话题，除了您已经谈到的之外，您还有什么要补充的吗？

卡内基：

我要补充的是：所有关于自立的绝佳例子都是通过行动体现出来的。头脑确实会影响一个人的行动，但这是相互的，因为一个人的行动也会影响他的头脑。从一个学步孩童的经历中可以找到这一事实的证据。起初，在头脑引导迈步的过程中，孩子会不断地摇晃和跌倒，但过了一段时间后，头脑和腿部动作之间相互协调，步行几乎成了一个自动的过程。头脑和身体动作之间的关系也是如此。当头脑和行动之间完全协调时，就达到了完美状态。

同一原理的另一个例子是音乐家学习乐器演奏。只有通过身体练习建立起头脑和手指动作之间的协调关系之后，才能达到完美状态。除此之外，其他任何方法都不能使人精通乐器演奏。

我曾经听一位颇有造诣的钢琴家说，钢琴的键盘已经完美地印刻在她的脑海中，即使在黑暗中，她也能弹得和她看着键盘弹奏时一样出色。正如一个人必须通过头脑和身体之间的协调来获得在其他方面的自立一样，她用同样的方式实现了自己在音乐上的自立。一个人通过根深蒂固的习惯培养信念并不困难，因为习惯是头脑和身体之间的协调。

希尔：

如果用一句话总结践行信念这个话题，您会说："践行信念是一门通过行动培养信念的艺术"吗？

卡内基：

这是非常准确的说法。但是你应该强调这样一个事实，即"行动"必须成为一种固定的习惯，因为信念是一种只有通过运用才能保持住的心态。你可以通过不寻常的、有规律的锻炼练就强壮的手臂；但如果停止这种锻炼，手臂就会恢复到普通人的粗细程度。被称为"信念"的心态同样如此。

信念的培养与两个词密不可分，那就是"坚持"和"行动"。除了这两个词之外，如果还可以再加上第三个词，那就是"重复"。在运用信念的过程中，所谓的完美只是用坚持和行动支持明确的目标，并大力强调行动的重要性。在这里，你掌握了我所能提供的关于培养信念的简单定义。对这一定义的研究将会表明，信念对于所有愿意运用它的人来说都是唾手可得的。

希尔：

　　卡内基先生，根据您所说的关于信念的一切知识，我是否可以认为，信念是一种心态，而与已知的事实或公认的现实有关的某种个人行动是培养这种心态的最佳方法？

　　根据您对信念的分析，以及您强调带着明确的目标行动对达成所期望的目标的重要意义，我得出的结论是，您认为，一个人基于事实的有形证据或假定事实存在的合理假设，在明确动机的激励下采取行动，是培养信念的最佳方法。

　　在您的分析中，您从未表示您认为一个人可以或应该对任何一件无法通过普通的理解力加以理解的事抱有信念。我可能误解了您的意思。因此，您能否具体说明一下，您是否认为，任何人都可以对他不熟悉的事物以及他不确定其是否存在的事物抱有信念？

卡内基：

　　你想知道，一个人是否会对任何他无法证明其存在的事物或是没有合理证据假设的事物抱有信念？答案绝对是"不！"要求一个人相信任何无法通过自身的推理能力加以理解的事物或者要求一个人对这样的事物抱有信念，就像要求一个从未见过任何颜色的盲人描述彩虹的颜色一样不合理！因为他根本做不到。他无从着手，他也没有办法通过比较来描述。

　　信念是一种心态，这种心态只有通过带有明确动机的行动才能达到。渴望和动机清除了头脑中的许多消极因素，在信念得以培养之前必须消除这些消极因素。如果一个人渴望所有事情都能成为现实，并通过行动坚持他的渴望，那么他很快就会发现，他的头脑会自动开启，接受信念的指引，前提是他始终相信自己能够实现所渴望的目标。

一个人如何培养信念？

第一，你需要确定一个明确的目标，并为实现这一目标制订一个计划。计划的存在意味着行动。

第二，根据智囊团原则，你要与其他人结成联盟，并立即开始实施计划。在这一阶段，多种思想相互碰撞行动力得以增强。

第三，你要掌握并运用践行信念原则（采取更多的行动），这是事先规定的行为原则。只要一个人通过先前的步骤做好了充分的准备，就可以很轻松地遵循这一原则。

在采取第三个步骤之后，个人将不再需要有关如何培养信念的进一步指导，因为他已经拥有了信念。

除了我在这里解释的方法之外，我从来没有听说过信念能够通过其他方法带来实际的结果。信念曾多次为我所用，但我总是通过自己的某种计划或某种形式的行动，付出了自己的努力。

我对美国钢铁公司完成组建以及组建的目标抱有这样的信念：在我将我的计划告诉那些投资人之前，我就预见到了交易完成的情况。但我的信念是我的智囊团成员花费数周时间仔细制订计划并就各方在交易中扮演的角色对我进行指导的结果，所有这一切都需要我采取我的商业生涯中最紧张严肃的行动。

仔细研究所有伟大领袖的生活，即那些众所周知的在持久信念的激励下实现自己目标的人的生活，你就会发现他们都是付诸行动的实干家。我对任何不付诸行动就能产生理想结果的信念一无所知。

任何使人恐惧之事，都应加以仔细考察。

希尔：

卡内基先生，现在我要问另一个非常明确的问题，在您回答之前，我想让您明白，之所以我要问这个问题，是因为我对确切的知识抱有最深切的渴望，确切的知识是我可以依靠的东西，我对其合理性和可行性抱有合理的信心。

我的问题是：除非能够找到合理的证据证明无限智慧的存在，否则我们如何能对无限智慧这种力量抱有信念呢？如果存在这样一种力量，它的来源是什么？它存在于何处？如果存在这样一种力量，我们应该如何加以运用？

卡内基：

证明无限智慧存在的证据数不胜数，证明无限智慧的存在是非常容易的事情。

我手里拿着一块普通的手表，它能准确测量时间。我知道是谁制造了这块手表，我也知道它的工作原理，我还知道他制造这块手表所使用的金属的一些情况，我甚至知道这种金属原子的一些情况。

我同样知道，如果我把组成这只手表的各个部分拆开，把它们放进我的帽子里摇晃，它们不会也不可能重新组合成我们称之为手表的这个机器——哪怕它们被漫无目的地摇晃几百万年。

手表之所以能够准确地运转，仅仅是因为在它背后存在着以其运转为目的的有条理的智慧的应用和明确的计划。

我同样相信，在宇宙奇妙的运转计划背后，存在一个有条理的智慧。

我真诚地相信，这样的回答会令你满意。对于你和学习个人成功哲学的人们，我唯一能提供的可能有所帮助的额外建议是：每个人都必须培养对无限智慧的信念，而培养这一信念唯一切实可行的方法就是我所描述的方法，即仔细研究证明无限智慧存在的可感知的证据，因为这些证据是可以通过我们所熟知的关于人类世界的已知事实和现实，借助冥想、分析和思考获得的。

我要强调静默冥想的重要性。人们通过冥想激发自己的潜意识，并使潜意识更加积极地充当人的意识和无限智慧之间的纽带。在这一表述中，也许存在着线索，许多人可能通过这一线索知道如何掌控自己的思想。

在现在这个时代，在安静的环境中与自己进行交流这一至关重要的习惯很容易被大多数人所忽视！

每个人在一天24个小时中，都应该花一段不少于1小时的固定时间，心无旁骛地对自己以及自己与所处世界的关系进行内省。这种形式的冥想将会带来巨大的知识红利，而且会让人易于接受这样一个现实：每一个人的头脑都只不过是无限智慧的一种细微的反映。

在这里，我必须把无限智慧这个话题留给你和学习这门哲学的人们。我已经把我关于信念的所有知识全都教给了你。从现在开始，你和其他所有真正理解信念含义的人，都必须严格地对自己负责。无论你们希望获得何种额外知识，都必须通过冥想和思考在自己的头脑中寻找。

对践行信念原则的分析
——拿破仑·希尔

从卡内基先生对"信念"这一主题的分析来看，很明显，信念需要通过清除头脑中所有的消极思想从而对头脑进行适当的调节才能获得。对于这一点，他非常肯定！

头脑中的消极思想被清除之后，必须采取3个简单的步骤，才能培养信念，即：

（1）确定一个明确的目标，并为实现这一目标制订计划。

（2）根据智囊团原则，与其他人结成联盟，并立即开始实施计划。

（3）掌握并运用践行信念原则。

将这些步骤坚持不懈地执行下去，一个人就可以取得成功。从那以后，一个人就必须依靠潜意识来控制并实施自己的计划，以达成合理的结果，否则就必须代之以全新的计划从而实现个人的目标。

当我谈到为成功培养信念而"调适"自己的思想时，我指的是彻底消除头脑中的所有恐惧、怀疑和犹豫不决的不良情绪。调适的过程总是始于明确的目标，而明确的目标是以人们实现该目标的强烈渴望为基础的。

信念是一种精神状态，在这种状态下，一个人暂时抛开自己的理性和意志，完全敞开自己的头脑，接受无限智慧的引导，以实现某种明确的渴望。这种引导以想法或计划的形式出现，通过想象力传达给意识。

行动是信念不可或缺的要素。光说不做将毫无结果可言。因此，渴望应该伴随着明确的计划，以实现渴望的目标。如果采取的第一个计划被证明是不合理的，那就用另一个计划代替，并继续这样做下去，直到制订出正确的计划为止。行动必须伴随着坚持不懈。

一个人渴望实现的目标必须十分明确，足以使其将这一目标视为已经实现的现实，只有这样才能激发被称为信念的心态。

记住，为使无限智慧有机会对你进行引导，你已经暂时凌驾于你的理性之上。除非你能心甘情愿地遵循这种引导，否则你的理智将不会服从无限智慧这一更高的力量。请记住这一点，并接受相应的引导。

一位伟大的哲学家说过，"信念是勇往直前的头脑的勇气，并有信心找到真理。这种信念不是理性的敌人，而是理性的火炬。它是克里斯托弗·哥伦布和伽利略·伽利雷（Galileo Galilei）的信念，需要一次又一次地尝试证明和反证明，它是人们目前唯一可能拥有的信念。"

就像一个人完全依靠信念的引导那样，当解决问题的方法到来时，这个方法将以想法或计划的形式呈现在这个人的意识中。

计划的合理性，以及计划来源的真实性，将通过与计划相伴的热情的强度表现出来。当计划来临时，人们要立刻按照计划行动。

对自己渴望实现的目标念念不忘，是成功的秘诀。潜意识最终以明确的渴望的形式出现，不断接受任何提交给潜意识的想法并依照这些想法行事，不要在意结果如何。怀着与一个孩子遵循父母的引导行事时相同的简单信念，遵循这些引导，做你该做的，你就不会失望。

你和其他任何人都没有责任要求无限智慧解释它的运作方式和如此运作的原因。你的责任就是忠实地遵循这些引导。

如果你的计划在你期望它们成熟的时候尚未成熟，就请重复我在此推荐的程序，直到它们产生结果为止。如果你拥有信念，你就不会失败——当然，前提是你的目标是正确而合理的。信念的作用原理就像使恒星和行星悬浮在太空中的力量一样明确和清晰。如果你彻底敞开头脑接受信念的引导，信念就不可能失效。

你不需要任何许可，就可以遵循这些引导。你唯一需要的帮助，是你可以从自己的良心那里获得的帮助。然而，你要确保你的良心是你的导师，而不是你的同谋。

在遵循这些引导的过程中，你要心甘情愿地做自己应该做的事情。确定你想要的是什么，制订一个计划以获得你想要的东西，然后立刻行动，将计划付诸实施。如果你"预感"到需要对你的计划加以改变或修改，就按照预感行事。请记住，无限智慧拥有的计划可能比你能够制订的任何计划都要好。我们暂且假定这是正确的。如果无限智慧在你的脑海中呈现了一个比你所采用的计划更好的计划，你将通过伴随这个计划一起到来的热情的冲动，认识到这个计划的优越性。

不要指望无限智慧会给你带来你所渴望的东西的物质等价物。你要满足于这样一个计划，这个计划可以让你通过公认的人际关系准则实现你渴望的目标。不要寻找奇迹，无限智慧通过自然规律起作用，以最可行的手段来实现你渴望获得的东西。

不要指望不劳而获，你要心甘情愿为你所渴望获得的一切付出同等的价值，并在你的计划中制订一个如此行事的明确规定。不要觊觎那些你无权得到的东西，无限智慧不会支持偷工减料和欺诈行为。你通过不当手段获得的任何东西，对你来说都不会有持久的价值。

仔细审视你的动机和渴望，确保它们对他人没有不公正的影响。不公正会引起比你的渴望更加强大的阻力，不正当的动机可能会暂时占据上风，但最终只会带来灾难。从历史上每一个着手征服世界的人身上都可以找到这一真理的证据。

从一开始就要计划为你期望得到的一切付出同等的价值，从而使自己置于公正的一边。如果你因疏忽而未能遵循这个引导，那就不要把你的失败归咎于缺乏信念，而是归咎于你自己不了解信念。

信念是人类已知的强大的力量。不要指望信念会给你带来任何建立在对他人不公正的基础上的好处，也不要指望信念会给你带来不劳而获的东西。

对与你合作的人，要慷慨地给予信任。自私与贪婪和信念没有关系，虚荣心与极度自私的利己主义同样和信念没有关系，但心怀谦卑却和信念息息相关。要想成为真正伟大的人，首先必须要有真诚的谦卑态度。

个人的自尊心往往被曲解为虚荣心或极度自私的利己主义。因此，要小心一切基于你可能认为是个人的自尊心的计划，以免这些计划中包含着可能引发与他人的对立并招致对方不友好的反抗的刺激因素。

要有明确的计划，要坚持不懈地追求计划的目标，要有勇气并自立，但同时也要顾忌他人的权利和感受，如果你期望他人与你展开友好的合作，就要以真正谦逊的精神表现出这种心态。

我是如何发现无限智慧的力量之证据的

> 我所遇见的每一个人，或多或少都是我的老师，因为我从他们身上学到了东西。
>
> ——拉尔夫·沃尔多·爱默生

我邀请你和我分享一笔巨大的财富，这笔财富是我长年累月积累的却不知道自己拥有的这样一笔财富。

我希望与你分享的这笔财富的最特别的特征是，我可以通过与他人分享这笔财富，获得最大的利益！

当我进入"逆境大学"这所古老的大学时，我便开始不知不觉地积累这笔财富。

在"商业萧条"时期，我在这所"大学"进修了研究生课程。正是在那个时候，我发现了自己拥有的隐藏财富。有一天早上，我收到通知，说我办理储蓄业务的那家银行已经关门了，也许再也不会重新开门营业，就在这时，我有了这个发现，因为正是在那个时候，我开始盘点自己未使用的无形财产。

请大家听我描述一下我对自己的财产进行盘点时发现的情况。

让我们从财产清单上最重要的一项开始盘点：信念！

当我审视自己的内心时，我发现，尽管我在经济上蒙受了损失，但我对无限智慧和我的同胞仍然怀有充分的信念。伴随这个发现而来的，是另一个更加重要的发现，那就是，一个心怀信念的人可以做到花费世界上所有的金钱都无法做到的事情。

当我拥有我需要的金钱时，我犯了一个严重的错误，认为金钱是力量的永恒来源。现在，我受到的一个惊人启发是，没有信念，金钱只不过是极度惰性的物质，本身没有任何力量。

当我意识到，也许这是我有生以来第一次意识到持久信念的惊人力量之后，我对自己进行了非常仔细的分析，以确定我到底拥有多少这种形式的财富。

我先是到树林里散步。我想远离人群，远离城市的喧嚣，远离"文明"因素的各种干扰，以便冥想和思考。

在散步过程中，我捡起一颗橡子，把它捧在手心里。我在一棵巨大的橡树根部发现了它，它就是从这棵树上掉下来的。我断定这是一棵高龄橡树，也许在乔治·华盛顿还是个小男孩的时候，它就已经是一棵相当高大的橡树了。

当我站在那儿看着这棵大树和它那被我捧在手心的小橡子时，我意识到，这棵橡树是由一颗小橡子长成的。我还意识到，生活在地球上的所有人齐心协力也不可能创造出一棵这样的树。我意识到，是某种无形的智慧促使这颗橡子生根发芽长成大树的。

我抓起一把土壤，将它覆盖在橡子上面。我手里捧着的橡子，相当于从那棵伟岸大树中长出的精华的可见部分。我可以看到并感觉到土壤和橡子，但我既看不到也感觉不到用这些简单的物质创造出一棵大树的那种智慧。但我相信，这种智慧是存在的。而且我知道，没有哪一种生物拥有这样的智慧。

在那棵参天橡树的根部，我拔起一株蕨类植物。它的叶子被设计得很美——是的，设计得很美——当我看着这株蕨类植物时，我意识到，它也是由创造那棵橡树的同一种智慧所创造的。

我继续在树林里散步，直到来到一条清澈见底、水波荡漾的小溪边。这时我已经累了，于是我坐在小溪边休息，聆听小溪在返回大海的途中舞动时节奏分明的音乐。

此情此景让我回想起了年轻时的美好往事，当时我曾在一条相似的小溪边玩耍。当我坐在那儿聆听那条小溪奏出的音乐时，我意识到了一种看不见的东西——一种从我的内心深处对我诉说的智慧，它告诉我关于水的迷人故事：

"水！纯净、清凉的水。自从这个星球冷却下来，成为动物和植物的家园后，同样的水就一直在为动物和植物提供服务。

"水！如果你能说话，你会诉说怎样的故事？你为尘世间无数的旅行者解了渴；你浇灌了花朵；你吸热汽化变成蒸汽并转动人造机械的轮子，遇冷凝结之后又变回原来的形态；你清理了下水道，冲洗了路面，并回到你的源头，在那里净化自己，之后重新开始循环往复。

"当你移动的时候，你只朝着一个方向前进——朝着你来时的海洋。你永远都在来来往往，但你似乎永远都在快乐地劳动。

"水！清洁、纯净、闪闪发光的水！无论你干过多少脏活，你都会在劳动结束后将自己清洗干净。无坚不摧的水，你无法被创造，也无法被毁灭。你就像生命一样，没有你的恩惠，任何形式的生命都不可能存在。"

我发现了奔流的小溪所奏出的音乐的秘密。我看到并感受到了证明将一颗小小的橡子变成参天橡树的那同一种智慧存在的额外证据。

树影越来越长，天色也越来越暗。当太阳缓缓下沉，消失在西边的天际线时，我意识到，太阳也扮演了一个角色。

如果没有太阳的仁慈帮助，橡子就不可能长成橡树；如果没有太阳的帮助，潺潺溪水将永远被囚禁在海洋之中，地球上的生命也永远不可能存在。

我想到了太阳和水之间浪漫的亲密关系，所有其他形式的浪漫似乎都无法与之相提并论。

我捡起一小块白色的鹅卵石，它被小溪的潺潺流水打磨得十分平滑。当我把它拿在手里的时候，在我内心深处将那真理传达给我的那个智慧似乎在说：

"看吧，人类，你手里握着的是一个奇迹。虽然我只是一颗小小的鹅卵石，但实际上，我是一个小宇宙。我看上去死气沉沉，但外表是骗人的。我由分子构成，在我的分子中是无数的原子。在这些原子中有无数的电子，这些电子以难以想象的速度运动着。虽然我是一块没有生命的石头，但我也是一个由众多不停运动的单位构成的组织。我看起来是一个实体，但外表只是一种错觉，因为我内部的电子之间的距离大于电子的质量。"

这传达的思想极富启发性，它让我着了迷，因为我知道，我手里握着使太阳、星星和我们生存的小小地球处在它们各自位置的一小部分能量。

冥想向我揭示了一个美丽的现实：即使在我手里握着的一小块鹅卵石中，也存在着自然规律。我意识到，自然的浪漫和现实在那块鹅卵石中融为一体。我还意识到，在我手里的这一小块鹅卵石中，事实超越了幻想。

我从未如此敏锐地感受到包裹在一小块鹅卵石中的自然规律和目的的重要性。我从未像现在这样信念坚定。

在大自然母亲的树木和涓涓细流的怀抱中，那份平静让我疲惫的心灵安静下来，去观察、去感受、去倾听无限智慧向我展现的真实的一面。这真是一次美妙的体验。

那一刻，我置身于另一个世界。这个世界对商业萧条、银行倒闭、生存斗争以及人与人之间的竞争一无所知。

在我的一生中，我从未如此强烈地意识到有关无限智慧的真实证据，也从未如此强烈地意识到我对无限智慧产生信念的原因。

我在这个新发现的乐园里流连忘返，直到长庚星开始闪烁。之后，我才不情愿地循着来时的脚步返回城市，在城市里，再一次与那些在无情的文明规则驱使下为了生存而疯狂争夺的人为伍。

现在，我回到了我的书房，与我的书籍为伴，但我却被一种孤独感和一种置身于那条如朋友般的小溪之侧的渴望涤荡着，就在几个小时之前，我的心灵还沐浴在无限智慧那抚慰人心的现实之中。

是的，我现在知道，我对无限智慧的信念是真实而持久的。这不是一种盲目的信念，这种信念建立在仔细审视这种智慧的杰作的基础之上。

我在寻找有关我的信念之源的证据时一直没有找对方向。此前，我一直在人类的行为中寻找这种证据。但我却发现它在一颗小小的橡子和一棵巨大的橡树中，在卑微的蕨类植物的小叶子以及大地的土壤中，在温暖大地并促使水流运动的友善的太阳中，在一小块鹅卵石和长庚星中，在户外的寂静与平静中。

建立信念，破除恐惧。

这个顺序永远不会颠倒。

我相信，无限智慧更愿意无声无息地揭示自己，而不是在人类匆匆忙忙拼命积累物质财富的喧嚣中揭示自己。

我的银行账户消失了，我存钱的银行倒闭了，但我仍然比大多数的百万富翁富有，因为我有信念。有了信念，我就可以积累其他财富，获得我在这个被称为"文明"的活动旋涡中维持生计可能需要的任何东西。

不，我比大多数百万富翁富有，因为我依靠的是一种心灵力量的源泉，这种力量从我内心深处向我揭示着它自己。而许多百万富翁为了权力和刺激，必须依赖公司上市。我的力量之源就像我呼吸的空气一样是免费的，想要利用这种力量之源，我需要的仅仅是信念，而我恰恰拥有充足的信念。

揭示信念力量的一段经历

现在我将描述在我研究成败原因的整个过程中最具戏剧性的一段经历。

这个真实的故事与一段个人经历密切相关，任何人都不能夸大或轻视这一个人经历的任何细节。

这个故事与我的儿子布莱尔有关，他在我的三个儿子中排行第二。我别无选择，只好将这个故事说出来，尽管这是个非常私人的话题。

毕竟，我是生活的学生，我一直并将继续研究人们能够借以避免贫穷和痛苦的方法。

我觉得我有必要描述我与布莱尔的经历，因为他的一生都在奇迹般地提供证据，证明践行信念原则可以在日常生活的实际事务中发挥作用。

我必须从布莱尔出生的时候讲起，才能准确地描绘这部丰富多彩的人生戏剧的序幕。随着故事的展开，我希望你注意到的是，布莱尔的经历为证明信念具有不可抗拒的力量提供了证据。

请牢牢记住这一想法，这个故事会自己解释为什么我会跨过家庭关系这道门槛，寻找证据来传达自然界不可抗拒的法则之一的本质和运行方式。

布莱尔出生时没有耳朵，他甚至连耳朵的外在迹象都没有，众多名医随后对布莱尔进行了X射线检查，结果发现，他的头骨左右两侧甚至连一个开口都没有。在他出生时，在场的医生把我带到一旁，尽可能温和地告诉我，这个孩子将永远都听不到声音也说不了话！

"他会听到声音的，"我回答说，"他会说话的！"

是什么让我向医生们进行这一看似愚蠢的反驳，我永远也不会知道，但我可以描述（这个描述很重要）我这样做时的感受。当我听到医生们强硬的最终结论时，我有一种感觉，我觉得没有什么是不可能的！多年来，我一直在给别人讲课，无条件地将我非常明确的两条规则告诉他们，即：

（1）每一个逆境都会带来同等优势的种子。这条规则从来没有，而且可能永远也不会有例外，因为这是大自然自身计划的一部分，正如拉尔夫·沃尔多·爱默生在他的随笔《补偿》中所描述的那样。

（2）唯一的真正限制，是由于我们缺乏信念，因而在自己的头脑中建立起来的限制。无论我们的头脑建立起了什么限制，我们的头脑一样可以消除这些限制。

多年来，我一直在强调这两条规则，但现在，我不得不面对的现实情况是，一个新生儿出生时就带有无法弥补的身体缺陷，而这一现实似乎把上述这两条规则的根基都摧毁了。

这是我一生中最戏剧性的经历。一方面，我看到了限制的实物证据，显然，没有头脑建立起这种限制，也没有头脑能够消除这种限制。另一方面，我还看到了一个新生儿因为某种逆境而残疾的实物证据，而这种逆境，就算任何理智的头脑能够加以评估，也永远不可能带来"同等优势的种子"。

某个沉默的嘲讽之声问道："一个天生没有耳朵，注定永远丧失听觉和语言能力的人，有什么优势可言呢？"

我的推理能力尚不能使我对这一挑战做出回应，但在我内心深处，某种其他形式的智慧，以更加乐观的倾向和对信念的亲和力，毫不含糊地回应了这一挑战。这个回答呈现了这样一种思维方式：

"现在我还不知道生来没有耳朵能带来何种优势的种子，但我知道，确实存在一种同等的优势，而且我会找到它的。"

无论是在布莱尔出生的时候，还是之后的任何时候，在我心里从来都没有接受一个孩子无可救药地丧失听觉和语言能力这一现实。我继续坚持这样的理论。对我来说，这不仅仅是一种理论，我会在某个时候，以某种方式，找到这个没有耳朵的孩子带来的"与他的残疾等同的优势的种子"，我会帮助他让这颗种子发芽并成长为足以补偿他没有耳朵这一事实的某种现实优势。

当这个戏剧性的故事展开时，你会像在镜子中看到自己的脸一样，清晰地观察到：

（1）我在自己的脑海中建立起了一个心理形象，这个形象是关于能让布莱尔使用听觉和语言的条件的。

（2）这个形象被某种未知的自然规律所控制，并被转变成了活生生的现实。

这是无可争辩的证据，幸运的是，这一证据的本质特征是，没有人必须将我的陈述作为证实布莱尔情况的唯一手段。还有其他至少50个人，其中包括经常给布莱尔做检查的耳科专家、在学校里给他授课的老师以及其他亲密的伙伴和亲属，除了其中一个重要特征之外，他们和我一样熟悉布莱尔的所有情况。我是唯一一个在布莱尔出生时产生思想冲动的人，这种冲动就是要对他的缺陷加以纠正，我也是唯一一个借助信念一直怀有这种想法的人，直到这种想法找到一种方式以有形的形式体现它自己。你必须接受我对该故事这部分内容的说法。其他的一切都有充分的佐证。

当布莱尔还是个襁褓中的孩子时，没有任何迹象表明他可以听到声音。事实上，所有迹象都表明他听不到声音，我指的是他出生后的头几个月。在他大约6个月大的时候，他的母亲有了一个惊人的发现，她可以通过在他头顶非常温柔地说话来唤醒他。

从那时候起，他的听力开始有了明显的改善，直到他最终可以听到人的说话声，但他在2岁之前从未尝试说话。大约在那个时候，我发现，当我说话时把嘴唇贴在他头部的一侧，他就可以听得更清楚。

根据这个线索，我开始练习用我的嘴唇贴着他的头部和他说话。请记住，这是骨传导原理在现代投入使用之前很久的事，助听器制造商现在已经十分有效地应用了骨传导原理。

有一天，我发现布莱尔似乎被从维克多牌留声机里传出的声音迷住了，于是我抱起他，并将他的头贴在留声机的发声板上。这使他发出了一连串的咯咯声，就像试图发出笑声一样。在这之后，我给他装了一台维克多牌留声机，这样他就可以接触到它，他很快就学会了自己操作留声机。他非常着迷，经常站在留声机旁，一张唱片接一张唱片地播放，每次都要玩好几个小时。

与此同时，布莱尔一直受到芝加哥一位著名耳科专家的关注，并接受其观察，他对布莱尔的听力感到十分震惊。布莱尔的情况令人十分费解，所以这位耳科专家召集了一批最著名的耳科专家，他们为布莱尔的头骨拍摄了多种类型的X射线照片，试图揭开布莱尔听力的秘密。

这些检查每隔几个月就会进行一次，一直持续到布莱尔9岁。之后，耳科专家对孩子的一侧头部进行了手术，目的是了解皮肤下是否有类似听力器官的东西。直到那时，我们才第一次了解到，在布莱尔的头骨中没有供耳道通过的开口，也没有任何听力器官。

这一发现让这个病例变得比以往任何时候都更加棘手。在医学史上从未出现过这样的情况。虽然出现过其他诸如孩子出生时没有耳朵的病例，但他们都没有表现出听力。这就是这个病例的特点，这个特点曾经而且现在依然让耳科专家感到困惑。另一位来自纽约市的著名耳科专家在对布莱尔的头骨进行X射线检查之后，他告诉我："从理论上讲，布莱尔不可能听到任何声音，但实际上他听到了一些振动频率很高的声音，这些声音是你我都听不到的。"

一般说来，医学并不承认头脑中存在这样一个机构，这个机构有足够的力量提供一种不借助于某种听力器官而向头脑传递声音的方法。

但心理学家却承认头脑中存在这样一种力量。我所说的是那种用反复试错的方法在日常生活的实际事务中检验自身知识的心理学家，他承认，以一种自然和谐的方式使恒星和行星保持恰当的关系并将物质的每一个原子和与之相关的原子结合在一起的那种力量，能够并且会通过人类的5种感官之外的其他方式向人脑传授知识。

当我发现，我可以用我的嘴唇触碰布莱尔头部，让他听到我的声音时，我马上开始在他身上进行这一试验。在这里，我必须再次请读者非常仔细地注意以下我所讲的内容的细节，原因是，尽管这些细节很微小而且看似很普通，但却承载着有关信念力量原则的最重要的证据。

在找到一种抵达布莱尔的头脑并向他传递声音的方法后，在他大约3岁的时候，我开始每天都给他讲故事，每次讲故事都会添加某些新内容和强烈色彩加以强调。

我并没有无视他身体上的缺陷（尽管许多亲戚认为我们应该无视这一缺陷），我给他讲的故事几乎都是基于他的苦难，我告诉布莱尔，在他长大后，没有耳朵将成为他最大的财富！

坦率地说，当时我并不知道如何兑现这个承诺，但有某种东西在清清楚楚地催促我继续构建布莱尔的虚幻世界，我也确实是这么做的。我帮助布莱尔将这种身体上的缺陷转化为优势的渴望十分强烈，这让我觉得，我一定会找到某种切实可行的方法来帮助他做到这一点。因此，我们看到，在强烈的渴望和信念之间存在着确切的联系。

例如，我告诉布莱尔，当他长大到可以卖报纸的时候，他可以比其他男孩卖更多的报纸，因为人们会特意光顾他，他们会看到，尽管他没有耳朵，却有勇气卖报纸。或许，在我的潜意识里，我对布莱尔如何将自己的缺陷转化为优势了如指掌，这才促使我对这一现实心怀信念。

这个承诺是多么具有预见性的真理啊！在布莱尔还没有长到可以卖报纸之前很久，他就开始要求我们允许他这么做。他的母亲反对这个计划，理由是布莱尔将会因为听力不好而在街上遇到危险。但我支持他的雄心，理由是这一经历将会带给他信心并帮助他自然地适应生活，而不会让他因为他身体上的缺陷而束手束脚。事情的经过是这样的：

一天晚上，当我和布莱尔的母亲在剧院的时候，他趁保姆不注意溜了出去，来到街上的鞋匠那里，借了6美分作为本钱，投资用来买报纸。他很快就把买来的报纸卖掉了，用赚来的钱又去买报纸，并卖掉了更多的报纸，直到他赚到的利润足以偿还6分钱的本钱，并剩下42美分。当我们回到家时，他已经躺在床上睡着了，手里满是1美分、5美分和10美分的硬币！

他母亲站在床边，看到他时就哭了。我也站在床边，却笑了起来。我们看到了不同的东西：他母亲看到的是一个可怜的身体有残疾的小男孩为了试图赚取他不需要的钱，将自己暴露在大街上的危险之中；而我看到的则是一位勇敢的小商人开始证明我一直以来告诉他的那些事情的真实性，我告诉他，他的缺陷将变成一种财富，而不是一种负担。我还看到了关于信念的承诺得以兑现，我曾经十分坚定地依赖这一信念。

布莱尔开始卖报纸的时候只有5岁。他已经接受了这样的信念：他的缺陷并不是障碍。而且他开始证明这一真理，因为他卖出的报纸比街上任何一个卖报的男孩都要多。后来，他拿下了《星期六晚报》（the Saturday Evening Post）的代理权，并负责他所在地区整个男孩销售队伍的销售工作。他拥有比大多数成年人都要多的热情、主观能动性和想象力。

当他想要诸如自行车或电动火车玩具的时候，他从来不会要求我们买给他；相反，他会要求我们同意让他自己去赚钱购买他想要的任何东西。有一次，他想要一辆电动火车玩具，但价格超出了我们认为应该支付的金额，于是布莱尔自作主张，争取所有邻居的支持，向他们推销自己的服务。他通过清理道路上的积雪获得了所需的资金。布莱尔能够和其他拥有正常听力的孩子竞争，实际上，在所有重要的事情上，他都超过了他们中的大多数人。

就在耳科专家在布莱尔的头部做完手术，发现他没有听力器官后，布莱尔年满9岁。我当时正在研究个人成功哲学原则的构成，这使我必须往来于美国各地。布莱尔的母亲把他带到了自己位于西弗吉尼亚州的家乡，他在那里进入了公立学校，之后又进入了西弗吉尼亚大学。因此，在他大约9岁的时候，我对他的影响就停止了。

尽管布莱尔的听力只达到了正常人听力的60%左右，但他还是读完了小学、初中、高中和大学，取得了和拥有正常听力的同学一样优秀的成绩。他没有学过唇语，也没有学过手语。

在我影响布莱尔思想的那段时间里，我从未允许他上过残障儿童学校，并小心翼翼地使他远离一切让他觉得自己的缺陷是难以克服的障碍的东西。

我这么做是经过深思熟虑的，因为我不想让他产生自卑感，或者觉得自己无法做到任何我告诉他他可以做到的事。

在布莱尔9岁之前，我每年都无法说服校方允许他进入普通班级，因为他的存在使教师们必须给予他额外的照顾，把他安排在前排，并在课堂上给予他特别的关注。有一次，我和校方因为此事陷入了僵局。因此，我安排布莱尔在一所私立学校就读，而不是接受校方将他送到一所残障儿童学校的建议。

这些细节看似平常，却蕴含着丰富的内涵。这些细节表明，我是多么坚定地拒绝接受布莱尔的缺陷是无药可救的。我坚定地认为，他应该学会我的心态，并把它作为自己的心态！我完全不知道自己所做的一切的真正意义和深远影响，实际上我是在建立一种模式、蓝图或思想冲动，不管你怎么称呼它，它能控制，而且确实控制了布莱尔生来就有的缺陷，并将其转化成了同等的优势。

请记住，从布莱尔9岁开始，直到他大学毕业并准备让我再次与他直接合作的这段时间里，除了偶尔的探望之外，我和他的生活道路很少有交集。这一次，我终于可以兑现在他幼年时许下的承诺，我当时承诺，我会以某种方式确保，他在完成学业并做好准备后获得他的人生机遇。

我事后了解到，在他求学期间，这个承诺一直存在于他的脑海中，而这个承诺也更加频繁地出现在我的脑海中。我一刻都没有怀疑过，有一天我会为布莱尔谋得一席之地，让他为世界做出巨大的贡献，同时变得自立，哪怕深受苦难。

1936年，布莱尔完成了他的大学学业。说来奇怪，但比起布莱尔所参与的这部人生戏剧的其他部分又不那么奇怪的是，在完成大学学业前大约3个星期，他偶然发现了一个骨制机械助听器，并发现这个设备提供了使他拥有正常人听力所需的那部分额外听力。他有生以来第一次能够听到老师在课堂上说的所有话。

显然，他能发现这个助听器是因为机遇。但不能认为整个故事是因为机遇。机遇法则很少对一个避免自己成为聋哑人并帮助他将他的缺陷转化成他最大的财富的人如此眷顾。更多的时候，机遇法则显然会因为某种不幸或身体缺陷，破坏每一个带来成功的机会，从而起着相反的作用。

布莱尔为他的发现欣喜若狂，他写信把这件事告诉了我。与此同时，他给助听器的制造商写了一封信，告知制造商他的发现。我立即给他回信，请他来纽约做好定居的准备，因为我清楚地看到，布莱尔借以将自己的缺陷转化为财富的大好时机就在眼前。

当布莱尔到达纽约时，我正在埋头撰写一本书的手稿。我将写书的事完全搁置下来，用我的经验和知识支持布莱尔。在几个星期之内，我们就规划了他的整个程序路线，绘制了路线图，并把它画在纸上，便于向别人展示。之后，他把这个计划提交给助听器制造商，并以一年2600美元的底薪外加差旅费为该公司工作。

如果有一种自然的发现对一家公司而言具有极大的价值，那么这一发现就是由雇用布莱尔的公司发现的。他们欣然承认并认可了这一事实，因为他们在布莱尔身上发现了一个世界上在任何地方都无法比拟的听力障碍病例，而且布莱尔已经证明该助听器有助于弥补自己的部分缺陷。其他助听器制造商了解到布莱尔在纽约，都有意聘用他。

在我为布莱尔接受他的岗位做准备的时候，他和我住在一起，我有大量的机会近距离地分析和研究他。事实证明，这种特权是一种恩赐。在这之后，我撕毁了正在撰写的手稿，并重新撰写这本书，目的是要把从当前这一代人身上折射出的一些重要真理写进书中。

布莱尔开始了他在新岗位上的工作，而我则开始研究在他身上反映的现代教育制度和家庭生活的典型个体产物。我相信，在任何时候、任何地方，从来没有一个年轻人从大学毕业后，就直接走上了像布莱尔走上的这个合适而前途无量的岗位。

他的雇主欢欣鼓舞，因为它找到了一个不寻常的实验室测试对象，通过布莱尔，他们可以对助听器进行测试，并极大地改善助听器的性能，更不用说找到一个情况非常特殊的人，这个人引起了助听器领域的医学专家和技术人员的注意。

该公司对于购买布莱尔的服务感到非常满意，并立即开始派他到各地的集会上发表演讲。公司的宣传专家开始撰写关于布莱尔的案例报道，他的案例几乎在所有公布的地方都得到了免费的宣传。

我为布莱尔营造的虚幻世界开始变成现实。这一经历多少让我想起了一个石油推销员，此人在位于得克萨斯州的一家农场，将原油注于油井中欺骗买家，以此制造这里富含石油的假象，并以一个看似极高的价格出售了这家农场，结果却发现买下它的"傻瓜"挖出了一口大油井。

我已经履行了对布莱尔的义务，但在履行义务的过程中，我有了一个发现，这个发现具有持久的重要性，让我觉得有必要重新撰写我正在撰写的书，这样我就可以把我的一部分发现写进书中。

我帮助儿子将他由身体的缺陷造成的不利因素降到最低限度的动机是父爱，但我在这项任务中持续运用的强烈的信念，最终使我明白了一条自然规律，这条自然规律将电子的两种相互排斥的作用力结合在一起；这条自然规律使恒星和行星彼此保持适当的关系和适当的距离；这条自然规律根据个人的心态，本着和谐或对立的精神，把人们的个性编织在一起；这条自然规律维持着四季的更替并促使地球上的所有生物繁衍后代，更不用说履行其他同样重要的职责。

然而，我现在感兴趣的是，一个人可以用什么方法将自己的想法转化为实体等价物，并决定人与人之间相互联系的方式，因为我们正是在这些关系中决定自己成功或失败的命运。

亨利·C. 林克（Henry C. Link）声称："我们的教育体系关注学生的心理发展，却未能对如何培养或改变情绪和个性习惯的方式有所了解。"

众所周知，实际上，从我们出生直到死亡，我们所做的一切，都是习惯的结果。走路和说话是习惯的结果，我们的饮食方式是习惯的结果，我们的性行为是习惯的结果，我们与他人的关系，无论是和谐还是对立，都是习惯的结果，但没人知道我们为什么会养成习惯。

亨利·福特凭借有限的专业科学知识储备，取得了巨大的成功，创造了巨额财富并建立了一个庞大的工业帝国。

亨利·福特通过培养明确的习惯获得了成功。就科学训练所体现的知识而言，亨利·福特雇用了一批训练有素的专家，这些专家为他提供了在实际事务中所需的具体知识。

大多数人对在财务方面取得成功的原因知之甚少，正如他们很少了解习惯的养成方式。

我们知道，卡内基先生教育经历较短，却积累了超过4亿美元的财富。但大多数人不知道的是，一个没上过几天学的人究竟是如何积累起如此巨额的财富的。

直到现在，事实才豁然开朗，卡内基先生的财富，是其主动培养和强加于自己的习惯的必然结果。这一原则对这一伟大的经济成就的贡献或许比他的智囊团成员的努力还要大。卡内基先生承认智囊团成员在为自己积累财富过程中付出的努力，因为毕竟卡内基先生的智囊团成员保持的是由卡内基先生的主导思维习惯形成的"卡内基心态"，而这种心态又是指导他们努力的一种模式。

事实上，拉尔夫·沃尔多·爱默生曾经说过："所有伟大的企业，说到底都是企业家的影子的延伸。"是的，如果你对创建一家企业的人有准确的认识，你就会清楚地看到决定这家企业成败的是那些习惯的养成者。如果你仔细观察，你还会发现，如果一家企业的创建者在行动时有明确的计划和目标，通常他就会成功。他就是亨利·福特、安德鲁·卡内基、托马斯·爱迪生、约翰·D. 洛克菲勒。

因此，有人惊呼，"决定企业成败的终究是个人，而不是信念或习惯的自发作用。"

答案既是如此，也非如此。个人通过自己的心态和思维习惯，塑造企业的格局，但信念会根据习惯的本质，将这种模式转化为负债或盈余。

我对这个话题的结论不仅仅是我个人的观点，我希望以后能够证明这一点。

知识并不是力量。尽管知识看上去不可思议，但知识本身并不是成功的原因。我花了近30年时间进行研究，才证明了这个结论的真实性。我曾经完全忽略了成功和失败的真正原因，直到我对信念这一存在于所有习惯背后的力量有了更加深刻的理解。信念将习惯转化为习惯的物质对应物——成功，并使人们得以将知识运用到工作之中。

习惯与自我之间存在不可分割的关系。因此，我个人的故事暂且说到这里，让我们转而分析自我这个在其与培养信念的关系中被深深误解的话题。

在我们开始分析自我之前，我们首先需要认识到的是，自我是信念和所有其他心态运作的媒介。

本章从头至尾都在着重强调消极的信念和积极的信念之间的区别。自我是所有行为的表达媒介。因此，我们必须对自我的本质和各种可能性有所了解。我们必须学会激发自我、引导自我和控制自我。最重要的是，我们必须摒弃一个十分普遍的错误想法，即认为自我只是表达虚荣心的媒介。"自我"一词源自拉丁语，意思是"我"，但同时也表示一种驱动力，这种驱动力可以通过行动被组织起来，充当将渴望转化为信念的媒介。

遭到误解的自我的力量

众所周知，"自我"一词涉及一个人的所有的人格因素。因此，很显然，自我是要通过习惯原则来激发、引导和控制的。

一位终其一生都在研究人类身体和心理的哲学家，为我们对自我进行的研究提供了一个切实可行的基础。他说：

"你的身体，不管是生还是死，都是由无数永远不会消亡的微小能量构成的。

"这些能量是彼此独立的个体，有时候，它们的活动体现出了一定程度的和谐。

"人体是一种流动的生命机制，有能力但不习惯于控制体内的力量，除非习惯、意志、修养或特殊的刺激可以调集这些力量去实现某种重要的目的。

"我们对众多实验感到满意，因为这些实验表明，这种调集和使用这些能量的力量，在每个人身上都可以发展到很高的程度。

"你摄取的空气、阳光、食物和水分，都是来自天地间的一种力量的媒介。你在起起伏伏的周遭环境中漫无目的地漂浮，以此度日，而让自己变得更加优秀的机会正逐渐远离你所在的位置，并最终消逝不见。

"人类被众多的影响所束缚，从古至今，没有人曾真正努力去控制放纵不羁的冲动。让事情按照原本的方向发展，而不是施加指导，必然显得容易。

"但成功与失败之间的分界线出现在随波逐流停止之际。

"人们会受到情绪、环境和意外的影响，头脑会变成什么样子，心灵会变成什么样子，身体会变成什么样子，这些都是由生命潮流所决定的。人们越关注什么，什么就越有可能成为现实。

"如果你能坐下来思考片刻，你会惊讶地发现，时至今日，你生命中有多少时光只是随波逐流。

"纵观任何一种生命，看看它为表达自己所做的努力。树木将枝条伸向阳光，努力通过叶子吸收空气；即使是在地下，树木也会长出根须寻找水分。这样的生命代表了一种来自某种源头并为某种目的而运转的力量。

"地球上的能量无处不在。

"寒冷的北方需要用电取暖，水是由氧、氢两种元素组成的无机物，而水能可以转化为电能、机械能和化学能，其中的任何一种能量都可以为人类带来巨大的好处或对人类造成巨大的伤害。

"即使是冰，在最寒冷的阶段，也是有能量的，因为它没有被抑制，甚至不是静止的，它的力量把山石变成了碎片。我们喝的水、吃的食物以及呼吸的空气中，都存在着能量。没有一个化学分子能够脱离它，没有一个原子能够脱离它而独立存在。我们是各种单一能量的结合体。"

信念只会吸引具有建设性和创造性的东西。
恐惧只会吸引具有破坏性的东西。

人由两种力量组成：一种是以身体的形式呈现的有形力量，人的身体拥有无数独立的细胞，每个细胞都被赋予了智慧和能量；另一种是以自我的形式呈现的无形力量，自我是可以控制一个人的思想和行为的有条理的发号施令者。

一个体重为160磅①的人，其有形力量由大约16种已知的化学元

———————
① 1磅≈0.45千克。

素组成。这些元素是：

95磅氧

38磅碳

15磅氢

4磅氮

4.5磅钙

6盎司①氯

4盎司硫黄

3.5盎司钾

3盎司钠

0.25盎司铁

2.5盎司氟

2盎司镁

1.5盎司硅

微量的砷、碘和铝

人体的这些有形力量大约价值80美分，这些元素可以在任何一家现代化工厂买到。

给这16种化学元素加上一个发育良好、控制得当的自我，就可能配得上所有者所标示的任何价格。自我这种力量是无论多少钱都买不到的，但经过培养和塑造，它可以适应任何理想的模式。在它诞生之初，随之而来的是价值区区几十美分的化学元素，而它的货币价值则取决于所有者的行为。

一个名叫托马斯·爱迪生的人在众多创造性的研究领域发展并控制他的自我，世界上因此出现了一个天才，他的价值无法用美元来估算。

---

① 1盎司≈0.0283千克。

一个名叫亨利·福特的人在交通领域控制他的自我，并通过消除边界以及将山间小路转变为公路，赋予了个体改变文明走向的惊人价值。

一个名叫古列尔莫·马可尼的人用驾驭以太的强烈愿望引导他的自我，并在有生之年目睹了他发明的无线通信系统通过瞬间的思想交流，使整个世界变得相似。

这些人，以及其他所有为社会进步做出贡献的人，都向世界展示了一个完善健全的自我所体现的力量。为人类做出杰出贡献的人和那些仅仅占据空间的人之间的差别，完全是自我的差别，因为自我是一切行动背后的动力。

权利与自由，作为所有人追求的两大目标，每个人所能达到的程度，和他对自我的开发和利用成正比。

我们对拥有权利和自由这两个理想的人生状态进行简要的分析，将有助于我们更好地认识自我的潜在力量。

当其他人不以任何方式对你加以限制、阻碍或控制时，你就拥有了权利。

当你不通过任何性质的恐惧或自我限制对自己加以约束时，你就拥有了自由。

除非通过个人的努力，适当地发展和利用个人的自我，否则自由将无法得到保障。

权利可以通过他人的帮助来获得。没有权利就没有自由，除非对自我进行严格的控制和明确的引导，否则既不可能拥有自由，也不可能拥有权利。

有时候，人们直到失去权利，被迫对自我进行自省和盘点时，才发现自由的真正来源。

每一个和自我建立起恰当联系的人，都拥有他希望拥有的权利和自由。一个人的自我决定了他与其他所有人建立关系的方式。更重要的是，自我决定了一个人将采取何种策略建立自己的身体与心灵之间的联系，而这种身心的联系形成了赖以塑造自己命运的每一个希望、目标和目的。

一个人的自我是其拥有的最大的财富或最大的负债，同时也是这个人唯一可以实现其渴望得到的东西的方式。

也许，英语中遭到滥用和误解程度最深的词就是"自我"。这个词已经被用烂了，人们普遍将它与虚荣和自爱联系在一起。

每一个非常成功的人都拥有完善、健全和自我约束的自我，但除此之外还存在第三个与自我相关的因素，这个因素决定了自我对善或恶的效力——将自我的力量转化为任何渴望的计划或目标所需的自控能力。

做了这一简单的准备之后，现在我将解释，我是如何得出受控的自我是人类所有成就的基础这一结论的。在分析部分，我将揭示我从30年来对头脑运作方式的仔细观察中得出的一些结果，清楚地指出哪些观察结果是已知的事实，哪些是推论。

随着我展开描述人类在其中创造自身命运的伟大戏剧，你们将清楚地看到，为什么知识、教育、事实和经历本身并不能保证成功。

同样，你们还会明白，为什么有些人花了那么长时间才找到正确应用成功原则的秘诀。这一解释将为所有希望在未来应用这些原则以取得物质成功的人提供指导。

我将强调一个重要的真理，如果这个真理能够被正确地理解，它将赋予成功原则以新的意义。

我想表达的真理是，所有成功的起点都是某个计划，这个计划可以使一个人形成成功意识。

换句话说，一个人要想取得成功，就必须适当发展自我，用自己的渴望实现的目标来打动自我，并打破所有形式的限制和避免无效浪费。

发展自我是运用成功原则的起点。在我30年的研究过程中所发现的最令人印象深刻或最有帮助的，莫过于这样一个显著的事实，那就是，我所分析的每一个取得杰出成就的人都成功地控制了自我。

自我暗示（或自我催眠）是一个人能够借以调整其自我以适应任何理想的波动频率的媒介。每一个成功的人都在一直运用这个原则。

除非你理解了自我暗示原则的全部意义，否则你将错过本章中最重要的内容，因为一个人自我的性质完全取决于他对自我暗示的了解和应用程度。

换句话说，在一个人将任何想法推销给这个世界之前，他必须首先向自己推销这个想法。

每一个销售大师，无论从事什么行业，都懂得并且会运用这个原则。如果他不懂得这个原则，他就不会成为销售大师。

具有讨人喜欢的性格或有魅力的人，是那些偶然或刻意用明确的、积极的品质渲染自我的人。

因为恐惧或自我贬低而被某人或某物束缚了自我的人，不可能成为自我的主宰。

没有人可以在需要投入大部分精力与贫穷做斗争的时候，表现自己的富足。然而，我们不应该忽视这样一个事实，许多百万富翁一开始都很贫穷，这说明这种恐惧和其他所有的恐惧都是可以战胜的！

一辆汽车有数百个不同的零件，要让这辆汽车令人满意地安全行驶，其中的每一个零件都是至关重要的。对于普通的驾驶员来说，这些零件通过组装和相互协调，简化成了3个重要的要素，即一个方向盘，一个油门，一套刹车系统。通过这3个重要的要素，汽车可以开动，行驶在任何路线中，并且可以随时停下。

人类这台"机器"无疑要比汽车复杂得多。人们通过以渴望、恐惧等形式存在的多种类型的刺激和其他方式进行掌控。归根结底，所有成功原则和失败原则，都可以通过1个要素加以巩固和表达，这个要素就是人的自我。

自我体现了用于启动、引导和停止个人身体这台"机器"所需的方向盘、油门和刹车系统。

在"自我"一词中，可能存在所有成功原则的组合效应，这些效应相互协调，形成一股单一的力量，任何一个完全主宰自我的人都可以引导这股力量以实现任何他想要实现的目标。

使自己令人反感的自我主义者，尚不懂得如何通过建设性地运用自我，从而将自己与自我联系起来。

自我主义的大多数表现不过是努力掩饰自己的自卑情绪。未能通过给予自我建设性指导的方式将自己与自我联系起来的人，在他与其他个人建立联系的方法上肯定会犯同样的错误。

对自我的建设性应用是通过表达一个人的希望、愿望、目标、雄心和计划实现的，而不是通过自夸和自爱实现的。

"行而不言"是与自我建立良好关系的人的座右铭。渴望成为伟大的人，这是一种健康的愿望，但一个人公开表示相信自己的伟大，则说明他没有真正地建立自我，而且可以肯定，他对伟大的宣扬不过是用来掩盖某种恐惧。

心态和自我之间的关系

理解自我的真正本质，你就会理解智囊团原则的真正意义。此外，你将认识到这样一个事实：为了能够提供最优质的服务，你的智囊团成员必须在渴望、目标和目的上与你保持完全一致，他们不能以任何方式与你竞争。他们必须愿意完全控制自己的渴望和个性，以实现你人生的主要目标。他们必须对你的诚信抱有信心，他们必须尊重你。他们必须愿意支持你并愿意原谅你的过失。他们必须允许你在任何时候都做你自己并以你自己的方式过自己的生活。最后，他们必须从你这里得到某种形式的补偿，使你之于他们就像他们之于你一样有利。

不管你是谁，也不管你和谁建立了联系，如果未能遵守最后一个要求，你的智囊团就不复存在。

人与人之间建立联系是出于动机。在不确定或模糊的动机之上，不可能建立起永久的人际关系。许多人没能认识到这一真理，他们为此付出的代价是贫穷与富足之间的天壤之别。

卡内基先生之所以能取得如此成就，第一个秘诀，也许是最重要的秘诀就是，他在保持与生意伙伴之间的智囊团关系方面所采用的方法。他在为自己挑选智囊团成员方面算得上是行家，这些智囊团成员不仅有知识有智慧，更重要的是，他们能够根据卡内基先生自我的需要，使自己与卡内基先生的自我建立联系。

当某人听说卡内基先生为查尔斯·施瓦布开出高达100万美元的年薪时，很想了解查尔斯·施瓦布有什么特殊的能力或知识，使他有资格获得这样一大笔钱。于是，他请卡内基先生为他指点迷津。

"就查尔斯·施瓦布对钢铁生意的了解而言，"卡内基先生说，"其价值可能不会超过每年两万五千美元，但他的人格和他对我的影响却十分宝贵，这是无法用金钱衡量的。正是他的存在，给了我从更广阔的视角思考问题的勇气，并让我相信自己可以克服一切阻碍我的困难。"

一个人的自我是这个人身心的焦点，焦点的中心是一幅这个人自己的完美图像。这幅图像中有他表达的所有积极和消极的思想，这幅图像清晰地反映了他所有的希望、渴望和计划，反映了他所有的恐惧和限制，无论这些恐惧和限制源自何处。

借助明确的目标，一个人可以通过仔细选择自己的伙伴，塑造、发展并引导他的自我，直到他的自我成为一种不可抗拒的力量，通过这种力量，他可以获得生命中任何他想要的东西。忽略了对自我的培养，一个人可能会随着时间和环境飘荡，陷入失败的深渊。

取得伟大成就的人是，而且将永远是那些有意培养、塑造和控制自我的人，他们不会让这一任务受到任何风险的影响。

因此，我所说的"适当发展的自我"一词可能会让人产生误解，我将简要地描述影响自我发展的因素，即：

第一，一个人必须与一个或多个人结成联盟，他结盟的对象将本着完全和谐的精神，使自己的思想与结盟对象的思想相协调，以实现某种明确的目标，而且这种联盟必须是可持续且积极的。

第二，该联盟成员的精神状态、心理素质、所受的教育、性别以及年龄都必须与该联盟的目标相适应。例如，卡内基先生的智囊团由二十多人组成，他们每个人都为这个联盟带来了某种通过其他任何一个人都无法获得的品质、经验或知识。

第三，一个人在使自己受到正确的伙伴的影响之后，必须制订某种达到联盟目标的明确计划，并着手实施这个计划！如果一个计划被证明是不合适的，就必须采取其他计划对该计划进行补充或替换，直到找到一个行得通的计划为止，但联盟的目标不能发生改变。

第四，一个人必须避免受到哪怕有一丝倾向让自己感到自卑或觉得无法实现自身目标的个人或环境的影响。消极的环境不可能培养出积极的自我。在这一点上，不能做任何妥协。一个人必须明确和那些对自己产生消极影响的人划清界限，对所有这样的人紧闭大门，不管你和他们之间以前可能存在怎样的友谊或血缘关系。

第五，一个人必须彻底忘记任何会使他感到自卑或不愉快的过往经历。沉湎于过去不愉快的经历是十分普遍的行为，但这样的行为不可能培养出强大的、生机勃勃的自我。生机勃勃的自我之所以能够蓬勃发展，靠的是对尚未取得的成就的希望和渴望，而不是对过去的失败念念不忘。

思想是构建人类自我的基石。一旦一个人理解了自我的真正本质，就领悟了思想的真谛。

正是亨利·福特对这一真理的惊人认识，促使他将每一个与他的商业政策格格不入的人从他的商业家族中清除出去。

正是安德鲁·卡内基对这一真理的完整理解，促使他坚持要求他的智囊团成员和他自己保持和谐。

第六，一个人必须置身于一切可能应用的物质手段之中，通过这些手段使自己的头脑铭记自己正在发展的自我的性质和目标。例如，一个作者应该将他的工作室设立在这样的房间里，这个房间装饰着在他的领域内他最欣赏的作者的照片和作品，他应该在他的书架上摆满与自己的作品有关的书籍，他应该用一切可能的手段将他期望表达的确切画面传达给他的自我。

第七，得以恰当发展的自我在任何时候都处于个体的控制之下。必须将自我引向明确的目标，并不断运用自我。个体的自我不能朝着极端自我主义的方向过度膨胀，有些人就是因为极端自我主义而把自己毁了。在发展自我的过程中，一个人的座右铭应该是"不能太多，也不能太少"。当人们开始渴望控制他人或开始筹集他们没有能力或没有打算加以建设性地使用的大量资金时，他们正深入险境。这种力量源于自身的本性，并将很快不受控制。

大自然拥有一个安全阀，当一个人在发展自我的过程中超出了一定的限制，它就会通过这个安全阀杀杀自我的锐气，并缓解这个人因自我的影响而产生的压力。拉尔夫·沃尔多·爱默生将其称为补偿法则，但无论它是什么，它都以不可阻挡的明确性运转着。

在积极工作之后从各种工作岗位上退休的人，一般都会萎靡不振，因为他们失去了健康的自我。健康的自我是一直在使用中和被完全控制的自我。

第八，由于一个人思想的性质，自我一直在不断地朝着更好或更坏的方向发展。

我们找不到恰当的方法来描述将渴望转化为其物质等价物所需的确切时间。渴望的性质、影响渴望的环境、渴望本身的强度——所有这些都是渴望从思想阶段向物质阶段转变所需时间的决定因素。被称为信念的心态非常有利于渴望迅速转变为其物质等价物，人们认识到，信念几乎可以在瞬息之间实现这样的转变。

人的身体大约在20年内成熟，但其精神——也就是人的自我——却需要35年到60年才能成熟。这一事实解释了为什么人们直到50岁左右才普遍开始积累大量的物质财富。能够获取和保持巨大物质财富的自我，必然是经历自我约束，获得自信、明确的目标、主动性、想象力、准确的判断力和其他品质的自我，没有这些品质，任何自我都没有能力获取和长期拥有财富。

在世界大萧条开始前几年，一家小美容院的老板将她营业场所的一间后屋给了一位需要地方睡觉的男人。这个男人没有钱，但他却对配制化妆品的方法十分了解。于是，给这个男人提供休息场所的年轻女子给了他一个机会，让他通过配制她营业所需的化妆品来支付房租。

很快，这两个人结成了注定会给他们带来经济自由的智囊团。首先，他们建立了一种商业伙伴关系，女子出资购买原材料，而男子则负责配制化妆品，他们的目标是让代理商挨家挨户地销售由这个男人配制的化妆品。

他们的第一笔生意是他们自己完成的，女子每天晚上挨家挨户地推销化妆品，男子每天也会花一部分时间负责销售。

几年后，两人之间以智囊团的形式建立的非正式协议被证明是十分有利的，于是他们决定通过婚姻来巩固这一协议。

这个男人成年后的大部分时间都在做化妆品生意，可是并没有取得成功，这位年轻女子经营的美容院只能让她勉强维持生计。二人的幸福结合使他们获得了结婚之前都不曾拥有过的权力，几乎从他们结成商业联盟的第一天起，他们就开始在财务上取得成功。

在商业萧条之初，他们在一个小房间里配制化妆品，并挨家挨户推销他们的产品。到经济萧条结束时，他们配制化妆品的场地已经发展成为一家拥有一百多名固定员工的大型工厂，有四千多名销售人员在全国各地销售他们的产品。

尽管他们是在经济不景气的时期经营自己的生意，当时化妆品等非生活必需品显然更难销售，但在结盟的头十年里，他们依然积累了两百万美元的财富。

他们余生都不需要再为钱发愁。此外，他们凭借和他们在结成智囊团之前完全相同的知识和机会获得了财务自由，而在结成智囊团之前，两人都很贫穷。

我对两个能力平平、没受过什么教育的无名之辈在动荡年代里奇迹般地合法积累了大笔财富的秘诀很感兴趣，为此我穿越了半个美国，登门拜访，研究他们商业策略的每一个细节以及两人的性格特征。

我有幸对这两个人进行分析，在返回时，我对这个故事有了身临其境般全面的了解。这是一个多么重要的故事啊！我希望我能够提及这两个有趣之人的名字，但出于个人隐私的考虑，我不能透露他们的名字。

这两个人结成生意联盟或结婚的动机，在本质上无疑都是出于经济目的。当时这个男人75岁，女子40岁。女子之前嫁过一个男人，但那个男人没有能力养活她，在他们的孩子还是个婴儿的时候就抛弃了女子。

我对这两个人进行了近距离的观察，因此，我可以说，他们之间现在没有，而且从来没有丝毫类似于爱情的感觉。然而，他们相处得很和谐。这一事实意义重大，因为卡内基先生非常重视和谐，认为和谐是智囊团成功运作的必要条件。

在他们的住宅后面，有一座精心设计的游泳池，除非破天荒地受到男主人的邀请，否则，除了男主人之外，其他任何人都不能使用这座游泳池。

住宅的设施一流，但任何人——即便是受邀来家中做客的客人——都不允许在没有特别邀请的情况下弹奏钢琴或坐在客厅的任何一把椅子上。

主餐厅配有华丽的家具，有一张适合在国事场合使用的长餐桌，但家人和客人很难获得使用许可，他们在早餐室用餐。

一位园丁经常在草坪上干活，但没有房子主人的特别邀请，任何人都不可以剪下一朵花。

只有房子主人自己喜欢的食物才能被端上餐桌。

谈话完全由一家之主主导。除非有明确的要求，他的妻子从来不说话，就算是讲话，她说的话也十分简短并经过仔细权衡，以免激怒她的"主人"。

他们的公司成立了，这个男人是公司的总裁。他有一间精致的办公室，里面配有一张手工雕刻的大办公桌和垫得又软又厚的椅子。

办公桌正前方的墙壁上挂着一幅男人的巨幅画像，他几乎一直带着溢于言表的钦佩之情凝视着这幅画。

当谈到他们的公司，特别是谈到他们的公司在严重的萧条期取得了不同寻常的成功时，这位男子将所有的成就都归功于他自己。事实上，他在谈及他们的公司时，甚至从未提及妻子的名字。

尽管这位妻子每天都会去公司，但她没有办公室，也没有办公桌。她经常像一个外来的参观者一样漫不经心地在工厂里闲逛。

出厂的每一包商品上都印有男人的名字，他的名字用大号字体画在他们公司的每一辆送货卡车上，出现在他们发布的每一份销售资料和每一则广告上。而女子的名字没有出现。

这个男人相信，是他建立了这家公司，是他经营着这家公司，没有他，公司就无法运转。但事情的真相恰恰相反，建立并经营着这家公司的是他的自我，没有他，这家公司的运营情况可能会和他在时一样好，甚至会更好，我认为相关的充分的理由是，是他的妻子发展了这种自我，而且她可以在类似的情况下为任何其他男人做同样的事情。

这个男人的妻子耐心地、有目的地、有节制地把自己的人格完全浸入她丈夫的人格中，通过消除这个男人自我的所有自卑感，一步一步地培养他的自我，消除因为一生贫困而产生的贫困情结，激励她的丈夫，让他相信自己是这家公司发展的精神动力。

事实上，这家公司采取的每一项商业政策、每一个商业举措以及取得的每一个进步，都是她的想法巧妙应用的结果。事实上，她是整个企业的头脑，而这个男人只是在装点门面。但这一组合是无与伦比的，这一点可以从他们令人震惊的财务成就中找到证据。

这个女人用一种不被人注意的方式不仅证明了她完美的自制力，而且也证明了她的智慧，因为她用其他任何方法可能都不会达到同样的结果。

如果这两个人允许任何事情破坏他们现在工作时所秉持的和谐精神，他们两人都可能会衰落得很快。显然，他们的力量完全源自这位聪明的女人在她丈夫身上培养出来的综合的自我。这种自我只有在她小心的保护和刺激下才会存在。

如果没有她的持续影响，这个男人就会变成她和他结盟之前的样子——一个可怜的失败者。我以最客观的方式说这句话，但这个说法是正确的。

因此，这证明了贫穷和富裕之间的主要区别仅仅是由自卑情结主导的自我和由优越感主导的自我之间的差异。如果不是这个聪明的女人把自己的思想和这个男人的思想结合起来，用有关富裕的思想培养他的自我，这个男人可能已经像一个无家可归的乞丐那样死去。

信念促使人们去寻找并期望找到他人身上优秀的品质；而恐惧只会让人们发现他人的弱点。

这是一个无法逃避的事实。此外，这个案例只是众多案例中的一个。唯一的区别是，在这个案例中，分析所需的所有事实都很容易，而在大多数案例中，这样的事实都被巧妙地隐藏了起来。

在我与亨利·福特第一次见面之后的许多年里，我对亨利·福特克服困难的非凡能力的来源感到不解。之后，在非常偶然的情况下，我遇到了福特夫妇的一位近邻，此人向我讲述了福特夫妇之间鲜为人知的关系。

福特夫妇从一开始就将智囊团原则作为他们个人关系的基础，尽管福特夫人总是完全掩盖自己的个性，使得公众很少在印刷品上看到她的名字。

我得到的可靠消息是，早年间，当亨利·福特没钱对不用马拉的车进行试验时，福特夫人促使他把二人所有的钱都投入其中。

此外，我得到的可靠消息显示，亨利·福特在做出任何一项重要的商业决定之前，一定会与妻子商量。亨利·福特的自我是他自己的自我和他妻子的自我的结合体，正是因为两个人自我的结合不为人所知而更加引人关注。目标明确单一、坚持不懈、自立和自我控制，这些显然是亨利·福特自我的组成部分。然而这些都可以追溯到福特夫人对其产生的影响。

与刚才所说的化妆师的自我完全不同，亨利·福特的自我在不散发魅力的情况下发挥着作用。在亨利·福特的办公室里没有他的大幅照片，但不要误会，与他庞大的工业帝国有直接或间接联系的每个人都能感受到亨利·福特的影响力，而且每辆出厂的汽车都有亨利·福特本人的影子。这些正是他表达自我的方式：通过完美的机械，通过以大众价格提供运输服务，通过雇用一大批员工。

亨利·福特先生并不是对赞美之词不屑一顾，但他从来没有刻意地去接受赞美。他的自我与化妆师不断从妻子那里获得纵容的自我完全不同。

亨利·福特获取他人知识和经验的方式与卡内基先生以及其他大多数商业大亨完全不同。他非常谦虚，既不鼓励对自己的工作给予好评，也不会刻意表达任何形式的赞赏。

亨利·福特是世界上真正伟大的思想家之一。他之所以伟大，是因为他学会了如何认识自然规律，并以一种对自己有利的方式适应这些自然规律。但我相信，他的伟大有一部分源于他与妻子以及托马斯·爱迪生、卢瑟·伯班克（Luther Burbank）、威廉·伯罗斯（William Burroughs）和哈维·费尔斯通（Harvery Firestone）等其他伟人的交往，他与这些人建立了长期的友好关系。多年来，这五个人每年都会离开各自的企业，一起去一个安静、偏僻的地方，在那里他们交流思想，用各自渴望的养料来维持自我。

因为亨利·福特与这些人的联系，每一年，他的性格、他的商业政策，甚至他生产的汽车的总体外观都逐渐展现出明显的改善。这些人对亨利·福特的影响是明确的、深刻的、深远的。

通过研究取得成就的人，我观察到一个有趣的事实，一个人通过他的影响力在世界占据的空间与他支配自己自我的程度完全成正比。我刚才提到的化妆师占有和控制的空间只有他自己的住房和他的雇员在其中配制化妆品的工厂。

亨利·福特以这样或那样的方式几乎占据了整个世界的空间，并影响着文明的走向。因为他是自我的主人，亨利·福特几乎可以获得他在地球上想要的每一样实物。事实上，他已经做到了这一点。

化妆师通过各种狭隘的自私来表现他的自负，因此，他的影响仅仅局限于单纯的金钱积累和对包括他自己的家庭和商业组织在内的少数人的支配（在未经他们同意的情况下）。

亨利·福特在不断扩大和增加人类利益方面展现了他的自我，没有做出额外的努力，就使自己成了整个文明世界的一个影响因素。

这是一个令人震惊的想法！它为"一个人应该努力创造什么样的自我"这个话题提供了极其重要的建议。

三十年来几乎持续不断的研究让我得出了这样一个必然的结论：人与人之间唯一的重要区别就是他们自我的不同。

亨利·福特发展的自我延伸到了环绕地球的计划之中。他考虑的是汽车制造和分销。

他考虑的是成千上万名为他工作的员工。

他考虑的是数百万美元的营运资本。

他考虑的是一家他主导的企业，他通过确立自己的政策以获取营运资本来主导这家企业。

他考虑的是通过建立远比任何员工通过合理要求所能获得的更加有利的工资和工作条件，从而防止自己的企业落入他人之手。

他考虑的是通过高效协调数千名工人的努力达到节约高效的目的。

他考虑的是自己和商业伙伴之间和谐合作，并通过将任何与他意见相左之人从他的组织中剔除出去，从而将自己的想法付诸行动。

正是这些品质完善并维持着亨利·福特无法抑制的自我。这些品质都很好理解，任何人只要采纳并运用这些品质就可以拥有这些品质。

在亨利·福特开始制造汽车时就已经有很多人在制造汽车了。让我们把目光聚焦在其中任意一个人身上，仔细研究这个人，你很快就会知道，为什么人们几乎不记得和亨利·福特一样制造汽车的这些人或者他们暂时生产了什么汽车。

你会发现，亨利·福特的每一个竞争对手都是因为给自我强加的限制或放纵而半途而废的。

你还会发现，这些被遗忘的人，几乎每一个人都拥有和亨利·福特一样的智慧。他们中的大多数人不仅受过比亨利·福特更好的教育，而且他们的个性也更具活力。

亨利·福特和他的竞争对手之间的主要区别在于：他发展出了一种远远超出他个人成就的自我；其他人则对自己的自我大加限制，致使他们很快就被亨利·福特赶上了，他们的计划因为缺乏引导一个人前进的扩展的自我而搁浅。

在亨利·福特开始创业不久，数百名亨利·福特的竞争对手也开始了创业。在这些竞争者中，有一位发展极快的人，如果他的自我没有出问题的话，他会让亨利·福特在该行业取得的成就黯然失色。

这个人的突出特点是：拥有像富兰克林·D.罗斯福（Franklin D. Roosevelt）那样具有吸引力的人格；接受过全面的教育；拥有非凡的推销能力，能够促使别人本着和谐精神协调他们的努力；有着巨大的商业成就，使他能够获得运营所需的全部资金。

在职业生涯的巅峰时期，他是自己公司的首脑，制造的一款汽车的销售情况在同等价位汽车中处于领先地位。

摆在他面前的是一个比亨利·福特在创业之初光明得多的未来。当时，他的名字家喻户晓。

他的自我是充满活力的、强大的、雄心勃勃的。按照我们衡量人的惯常规则，他应该比亨利·福特走得远。但在他职业生涯的巅峰时期发生的事，却让他迅速被人遗忘，他的名字也很快从汽车制造商的名单上消失了。事情是这样的：成功冲昏了他的头脑，他的自我极度膨胀，最终几乎爆炸了。

神志清醒的自我不会受到表扬或谴责的严重影响。

在自己所选的事业上取得成功的人总是会确立一个明确的目标，为实现这个目标制订计划，并通过最直接和最短的路径向着目标的达成迈进，从来不会驻足听自己敌人的说法，也不会花太多时间和朋友在一起。换句话说，成功的人控制自己的自我，不让自己过分沉迷于他最喜欢和最不喜欢的事情，也不会受到这些事情的影响。

我可以有把握地说，我认识数百个曾经取得过很高地位的人，但他们最终一贫如洗，十分悲惨，其中大多数人的失败是因为他们受人影响，养成了随波逐流的习惯。

没有人听说过亨利·福特会在交际花和鸡尾酒之间度过一整晚，没有人读过关于亨利·福特吹嘘自己成就的新闻报道。亨利·福特的自我不是从这些影响中进化出来的，这就是为什么他在大多数人认为自己行将就木的年纪仍然健康、强壮且富有的原因。

亨利·福特的自我正是其本人想要的。他时刻控制着自己的自我，因此他在世界上占据的空间和拓展的影响力比现世一半的人还要大。这是一个多么令人震惊的事实啊！

亨利·福特的力量不仅仅基于知识，也不仅仅基于智力，它不以教育为基础，他与命运、好运或出生时吉星高照没有任何关系。亨利·福特的力量不过是亨利·福特自己塑造的自我的体现，亨利·福特的自我完全不受任何形式的恐惧的影响，也不受任何自我强加的限制的束缚。

亨利·福特曾经告诉一群报社记者，他是应罗斯福总统的邀请来到华盛顿的，目的是"让总统见到一个什么都不想要的人"，亨利·福特这么说既不是自负，也不是开玩笑，他说的是事实。亨利·福特可以得到这个世界上他想要的任何物质，或者同等的东西，因为亨利·福特发展出了他的自我并继续控制着他的自我。他的巨大力量没有其他的获取的奥秘。

在亨利·福特的企业中，有成千上万的人受过比他更好的教育，比他更有个性，和他一样聪明。亨利·福特和他们之间的主要区别仅仅是自我的差异。亨利·福特拥有他自己塑造的自我，他的自我不受限制，他也不放纵自我。其他人的自我则源自他们随波逐流的态度、他们缺乏明确的目标以及他们受限的雄心，除此之外没有其他差异，这也是区分各行各业成功与失败的一种差异。

亨利·福特的自我现在已经成了永恒的自我，我不禁怀疑亨利·福特自己是否能改变他的自我。这种自我格外积极，它不会承认存在无法克服的障碍。这种习惯性的态度使亨利·福特的头脑完美地适应了信念的持续运作。它不知道后退，它只会朝一个方向移动，那就是前进。

人的自我——个人的个性——好比是一块磁铁，吸引着一切与其本质相协调的东西。亨利·福特用几乎没有限制的渴望和计划吸引他的自我。因此，他使用信念来为自己服务，并且正是依靠信念获得了他渴望的物质对应物。

亨利·福特的自我完全被单一的执着所吸引，他所有的其他渴望都从属于实现这种执着。

众所周知，亨利·福特多年来一直念念不忘的就是建立庞大的工业帝国。不管是谁，只要能够将自己的渴望集中在一个单一的明确目标上，并将这种渴望转化成如同白色火焰的痴迷，就可以像亨利·福特建立庞大的工业帝国一样，轻而易举地实现自己的目标。

我们知道，伟大的领袖之所以伟大，是因为一些外部影响使他们能够消除自我的限制，取而代之的是信念。

毫无疑问，拿破仑·波拿巴令人震惊的自我受到了第一任妻子的影响。当他主动摆脱这种影响时，他离永久性失败就不远了。

受初恋情人的影响，查尔斯·狄更斯的自我发生了变化，他因此完成了自己伟大的作品——《大卫·科波菲尔》，这本书是他根据自己的经历写成的。

如果亚伯拉罕·林肯（Abraham Lincoln）对安妮·拉特利奇的爱没有唤醒他的自我并用安妮·拉特利奇的雄心壮志吸引他的自我，那么亚伯拉罕·林肯无疑依然是一名默默无闻的律师。

托马斯·爱迪生的第二任太太是其自我背后的驱动力，托马斯·爱迪生的自我使他成为一位伟大的发明天才。从第一次见到她，一直到托马斯·爱迪生去世，她一直是托马斯·爱迪生生命中的精神动力。她给托马斯·爱迪生的自我带来了持久而深远的改变，这是托马斯·爱迪生自己说的。

这是一批成就卓著的人，他们的自我被他们选择的女人改变了。我观察过成百上千个成就较低的男人，他们的成功归功于妻子的影响。

每个人最终都会越来越像那些在他的头脑中留下深刻印象的人。

我们都是模仿的生物，我们自然会试图模仿我们崇拜的英雄。

如果一个人所崇拜的英雄具有伟大的信念，那么这个崇拜英雄的人确实是幸运的，因为英雄崇拜本身就带有被崇拜者的某种性质。

最后，让我提醒大家注意以下事实，以此总结有关自我这个话题的内容：自我就像一座肥沃的花园，在这座花园里，一个人可以发展所有激发积极信念的要素，一个人如果因为疏忽没能这么做，就可能会使这片肥沃的土壤得到导致失败的负面收获——恐惧、怀疑和优柔寡断。想要取得成功就必须采取行动，而践行信念对于行动而言至关重要，它受到自我的激励、指挥和推动。

你的"另一个自我"
只有通过信念的力量
才能帮助你。

信念通过一个人的眼神、面部表情和语气，确认无误地识别自己。
恐惧也是通过同样的来源识别自己。

信念是一种可以通过渴望、信任和行动推动的心态！

让人们知道所有伟大的领袖都拥有非凡的信念，这不是很有意义吗？

人们缺乏的不是力
量，而是决心。

——维克多·雨果

第二章

热情

访谈摘录二：
热情原则

热情是通过精神力量投入到行动中的情感，是一切伟大成就的开端。

每个人都渴望取得这样或那样的个人成就，但只有那些养成习惯，将热情之火转化为痴迷状态的渴望的人，才能取得令人瞩目的成就。

40多年前，一个小男孩的继母将他叫回客厅，并把家里的其他孩子支开，对这个男孩说了一些改变他一生的话，与此同时在他的头脑里植入了一种渴望，而他已经把这种渴望移植到了成千上万人的头脑中——这种渴望就是通过提供有用的服务变得自主、自立。

这个男孩当时只有11岁，但在山民中却被称为"全县最坏的男孩"。他的继母对他说："大家对你做出了错误的判断。他们说你是全县最坏的男孩，但事实上你不是最坏的男孩，你是最活泼的男孩，你需要的只是一个明确的目标，这样你就可以把自己的注意力引向这个目标。你有敏锐的想象力和充分的主观能动性。因此，我建议你成为一名作家。如果你愿意这样做，并像你一直以来对邻居搞恶作剧那样，对阅读和写作产生巨大的兴趣，在你有生之年，整个弗吉尼亚州都能感受到你的影响力。"

通过这位继母的话语，有某种东西有效地印刻在了这个"坏"男孩的脑海里。他理解了继母对他说话时的那种热情的精神，并立即开始按照她的建议行动。

在他15岁的时候，他已经在为报纸和杂志撰写故事了，这些故事被发表在小报和杂志上。他的文章并不出色，但是带有一种热情，这使他的文章具有可读性。

25岁时，他受《鲍勃·泰勒杂志》（*Bob Taylor's Magazine*）编辑的指派，撰写关于卡内基先生在工业上取得成就的故事。这项任务注定会给他的生活带来另一次转变，因为这不仅像他的继母建议的那样，让他有机会写书，从而使他的影响遍及全州，而且这种影响现在已经延伸到世界的大部分地区。

在采访卡内基先生的过程中，这位年轻的作家被卡内基先生的热情所打动。他获得了这种热情，正是这种热情使他的书畅销多年。

我很自豪地说，我就是那个"坏男孩儿"。

这一章关于热情的内容是从采访卡内基先生开始的，1908年，在我们会面期间，他在自己的书房里指导自己的新学生控制热情的艺术。

希尔：

　　卡内基先生，我已经准备好接受您对个人成功原则的分析，我相信您将其称为热情。我希望您能给这个术语下一个定义，并描述一下一个人是如何追随内心激发热情的。

卡内基：

　　热情可以通过激发情感的力量来发展。

希尔：

　　那么热情就是行动中的情感了？

卡内基：

　　这是简短的表述方式。如果有人说热情是一种自发的情感——一个人追随内心引发的情感，或许这种说法更加准确。但你忽略了一个非常重要的因素，即如何控制热情。知道如何改变、控制或完全制止由各种情绪引发的行为，与知道如何将情绪应用于行动当中同样重要。

然而，在我们开始讨论情绪控制之前，让我们先盘点一下可以通过热情获得的好处有哪些。请记住，热情是渴望的结果，以动机为基础，并通过行动表现出来。一个正常的人在没有动机的情况下是不可能热情高涨的。因此，很明显，所有热情的起点都是基于对某件事情充满渴望的动机。

热情有两种类型，被动的热情和主动的热情。或许更加准确的说法是，热情可以通过两种方式表现出来：通过情感的刺激被动地表达；借助言语或行动，通过情感主动地表达。

希尔：

在这两种表达方式中，哪种表达方式更有利？主动表达还是被动表达？

卡内基：

这个问题的答案视具体情况而定。当然，被动的热情总是先于主动的热情表现出来，因为一个人必须先感受到热情，然后才能用任意形式的行动或语言来表达热情。

有时候，表现热情可能会损害一个人的利益，因为这可能表明他过于急切，或者在他不愿让别人知道的情况下暴露了自己的心态。因此，非常重要的是，一个人必须学会在任何情况下克制自己的情绪表达。同样重要的是，一个人必须学会追随内心表达自己的情绪。在这两种情况下，控制都是重要的因素。

　　现在，让我们简要地描述一下被动的热情和主动的热情的一些好处。我们要记住，热情（可能是一种或多种情绪的表现）会刺激思想的脉动，使其更加强烈，从而开启想象力，使其与激发热情的动机相互作用。

　　热情赋予一个人的声音以质感，使一个人的声音令人愉悦、印象深刻。如果一个推销员或公众演说家无法追随内心表现自己的热情，他将无法打动他人。平日里交流的人同样如此。即使是最平淡无奇的话题，如果带着热情表达出来，也可以十分有趣。没有热情，最有趣的话题也会变得枯燥无味。

　　热情激发人头脑和行动的主观能动性，一个没有热情的人很难成功。

　　热情驱散身体的疲劳感，使人可以克服懒惰。有人说，世界上没有懒惰的人，一个看似懒惰的人，是未被任何充满热情的动机所驱使的人。

　　热情刺激人的整个消化系统，使消化系统更加有效地履行职责，特别是消化食物的功能。因此，用餐时间应该是一天中最愉快的时光，而不应该成为解决个人或家庭矛盾与分歧的场合，也不应该成为纠正儿童过错的时刻。

　　热情刺激人的头脑的潜意识，并使其与激发热情的动机一起发挥作用。事实上，除了受到鼓舞的情绪之外，没有其他已知的方法可以自发地刺激潜意识。在这里，我要强调这样一个事实：无论潜意识是消极的还是积极的，它都会作用于所有的情绪。它会迅速对恐惧这一情绪起作用，就像它会迅速对爱这一情感起作用一样。或者，它会迅速对贫困的担忧起作用，就像迅速地对富裕的感觉起作用一样。因此，我们要认识到热情是情感的积极表达，这一点十分重要。

热情是会传染的。它会影响其作用范围内的每一个人，这是所有销售大师都熟知的事实。此外，一个人可以通过主动或被动地表达热情来影响他人。

热情能阻止一切形式的消极思想，消除恐惧和担忧，从而为头脑表达信念做好准备。

热情是意志的孪生兄弟，它是意志持续作用的主要动力源！它也是使一个人保持恒心的力量。因此，我们可以说，意志、恒心和热情是三胞胎，它们使一个人在损耗最少体力的情况下得以持续行动。事实上，热情能将疲劳和停滞的能量转化为积极的能量。

拉尔夫·沃尔多·爱默生说："没有热情，就不可能取得任何伟大的成就。"大多数人对这个道理的认识不够深刻。拉尔夫·沃尔多·爱默生一定知道，热情让一个人所说的每一句话、从事的每一项任务都有了特质。

希尔：

我听说，作家充满热情或缺乏热情都会下意识地在其作品的字里行间中流露出来，因此，即使是漫不经心的读者也可以解读出作家在写作时的心态。这个说法站得住脚吗？

卡内基：

这不仅是一种站得住脚的说法，更是一个事实。你自己尝试一下，就会对此表示信服。一个人的文章可能被翻译成多国语言，但在很大程度上，译文会带着作家写作时感受到的同样的热情。我曾听人说过，广告作者如果对他的文案没有任何热情，无论他描述了多少事实，他写的文案都是很糟糕的。我还听人说过，对自己受理的案件毫无热情的律师，无法令法官和陪审团信服。大量证据表明，一位医生的热情是他在病房里提供的最有效的治疗方案。热情是培养信念最重要的因素之一，因为每个人都知道，热情和信念密切相关。

热情意味着一个人拥有希望、勇气和自信。如果一个人表现出对于可能获得某个职位充满热情，我会把这个人提拔到更高的职位，或者雇用这个人担任负责人。我观察到，我们办公室里的年轻文员和速记员，已经晋升到了责任更加重大的职位，这与他们在工作中所表现出来的热情几乎完全成正比。

希尔：

难道一个人不可能为了自己的利益而表现出过多的热情吗？

卡内基：

是的，不受控制的热情往往和没有热情一样有害。例如，一个对自己和自己的想法过于热情，以至于在与别人交谈时过于强势，这种行为肯定是不受欢迎的，更何况他错失了很多从别人的谈话中学习的机会。

有的人对赛马过于热情，有的人对不劳而获的方式方法比对提供有用的服务更加热情，更不用说有的人对牌局和社交比对为自己的家庭付出更加热情。这种不受控制的热情可能对所有受其影响的人都非常有害。

希尔：

热情对于从事体力劳动的人来说有什么价值吗？

卡内基：

回答这个问题的最好方式是请你注意这样一个事实，我企业中的大多数高级职员都是从最基层的职位起步的。在我所有的伙伴中，进步最大的人最初是一名打桩工，他以前是一个卡车司机。他首先吸引我注意的，是他的无限热情，正是这种品质将他一步步提升到了我所能提供的最高职位。

是的，热情对于任何人来说都是有价值的，无论他从事的是什么职业，因为热情是一种吸引朋友、建立信心、消除阻力的品质。

希尔：

充满热情或缺乏热情在家庭关系中扮演着怎样的角色？

卡内基：

让我们稍稍往前追溯一下，想一想热情在婚姻中将男人和女人联系在一起时所起的作用。你听说过哪一个男人未曾对他心仪的女人表现出一定的热情，就赢得了该名女子芳心的吗？反之亦然。一个男人不大可能向一个不曾对自己表现出热情的女人求婚。

因此，男女双方之间存在的热情往往是婚姻的基础，而婚姻关系中的一方如果在婚后让这种热情减弱则是一种悲哀。我们把这种关系称为爱情，但除了两个人对彼此的热情之外，什么又是爱情呢？

希尔：

热情在什么情况下对个人最有利？

卡内基：

在一个智囊团中，两个人或更多的人为了实现一个明确的目标，本着和谐精神共事。在这里，每位智囊团成员的热情投射到了其他所有成员的头脑中，通过将一群人的思想和谐地融合在一起，每个人都能感受到由此形成的全部热情并受其影响。

希尔：

根据您所说的，我可以看出，热情一词遭到了极大的误解。

卡内基：

是的，它可能是英语中被误解最深的词。大多数所谓的热情只不过是一个人自我的一种不受控制的表现。这是一种精神上的兴奋状态，很容易被认为只是个人虚荣心的一种毫无意义的表达。这种热情对那些沉迷其中的人可能非常有害，因为他们往往会以某种夸张的形式表达自己。

希尔：

您提到您的许多员工都是通过表达热情从而得到晋升的机会的。您能否提供更多这方面的细节？他们的热情到底对他们的工作产生了怎样的影响，使他们有资格获得晋升的机会？

哥特式大教堂、拉斐尔和提香的圣母玛利亚画作、伟大的悲剧作品、音乐杰作——所有这些都源自某种真正的热情。

卡内基：

热情不仅对他们自己的工作产生了影响，还影响了那些与他们共事的人！一个思想消极的人在一家工厂工作，在这家工厂里，他可能会接触到数以百计的工人，他可能会使其他工人也或多或少变得消极。同样的情况也适用于拥有积极心态并在工作中表现出热情的人。

任何一种心态都是会传染的。

现在你明白为什么一个心态积极的员工比一个心态消极的员工更有价值了吗？带着热情思考问题的员工，自然是在自己的工作中感受到快乐的人。因此，他散发出一种积极的状态，而这种状态会感染他周围的人，这些人也会处于与他相似的状态。因此，他们会成为更高效的工人。

但这并不是习惯表现出热情的人在生活中将自己提升到更理想位置的唯一原因。正如我已经说过的，热情赋予一个人更敏锐的想象力和更讨喜的性格，提升一个人的主观能动性和思维的警觉性，从而吸引他人与其合作。这些心智特征会不可避免地促使一个人将自己提升到任何他能够胜任的位置。

一个人所表达的每一个想法都会成为其性格的明确组成部分，这种转变是通过自我暗示原则进行的。一个人不一定要成为数学家才能弄清楚一个拥有积极的主导思想的人将会发生什么，因为这样的人表达的每一个想法都在增强其性格的力量。他通过一个又一个想法塑造出一种人格，这种人格赋予他坚强的意志、敏锐的想象力、自立能力、坚持不懈的品质、主观能动性，赋予他勇气和雄心去渴望并获得他想要的任何东西。这样的人得到提拔和雇主几乎没有什么关系。如果一个雇主因为疏忽而没能认可他的能力，他会找到另一个认可其能力的雇主，并且他能在他选择的任何方向上不断成长和进步。

希尔：

我明白您的意思了，卡内基先生。一个思想被热情支配的员工，对雇主来说是有益的，这不仅是因为他对其他员工的影响，还因为他自己获得的人格方面的力量。您是这个意思吗？

卡内基：

我正是这个意思。而且这个原则适用于每一个人，不仅仅是一位员工。以一位零售店老板为例，你会发现，他的心态肯定会反映在每一位店员身上。我曾听人说过，一位老练的心理学家走进任何一家零售店，花几分钟时间对员工进行研究，在没有见过店主或该店的负责人或听其说过一句话的情况下，就可以对此人做出令人惊讶的准确描述。

希尔：

有人可能会说，一家商店或企业有它自己的"个性"，这种"个性"是由店主或该店负责人对企业员工的主导影响构成的。这是真的吗？

卡内基：

是的，家庭或其他人员聚集的地方都是这样。具有敏锐感知能力的心理学家可以走进任何一个家庭，获得这个家庭给人的心理印象，从而准确地分辨出，主导这个家庭的是和睦还是争吵与摩擦。人们的心态会受到他们所处环境氛围永久的影响。

例如，每个城市都有它自己的脉动频率，当地居民的主导影响和心态构成了这座城市的脉动频率。此外，每条街道、每条街道上的每个街区都有自己与众不同的"个性"，训练有素的心理学家可以蒙着眼睛走在任何一条街上，从街道给人的心理印象中获取足够的信息，从而对生活在那里的人做出准确的描述。

希尔：

卡内基先生，这几乎令人难以置信。

卡内基：

对于没有经验的人来说可能是这样，但对精于阐释人们的心态的人来说却不是这样。如果你希望获得令人信服的证据来证明我说的话是正确的，那就自己做个实验吧。沿着纽约市的第五大道走一走，观察一下你在沿途感受到的那种富足的印象。然后走到对面的廉租公寓区，漫步在那条大道上，你将会感受到其中的那种失败和贫穷的印象。这个实验将为你提供确凿无疑的证据，证明第五大道的脉动和廉租公寓所在街道的脉动是截然相反的，一个是积极的，另一个是消极的。

之后请走进私人家庭，把这个实验进一步深入下去。选择一个你知道其家庭关系和睦的家庭。在没有任何人跟你说一句话的情况下，仔细研究你在这个家庭中感受到的心理印象。然后走进一个你知道其家庭关系不和谐和存在摩擦的家庭，研究一下你在这个家庭中感受到的心理印象。当你做了十几个这样的实验之后，你就会从亲身经历的实验中得知，每个家庭都有一种与住在其中的人的心理状态完美协调的心理氛围。

这个实验还会让你相信，某种未知的自然规律会固化思维习惯，并且往往会赋予思维习惯以永恒性。这一法则不仅赋予了个人头脑中的思想以永恒性，而且还将这种思想的影响扩展到一个人的生活环境之中。

希尔：

我已经注意到不同的家庭拥有不同的心理印象，但我认为这是居住者的经济状况导致的。在我看来，贫困的家庭因为住房、家具和诸如此类的东西的外貌而反映出一种贫穷的感觉，而那些体现出富裕迹象的房子则因为其物质上的富裕而反映出一种富裕的感觉。您不认为一个人在一个家庭中获得的印象和这个家庭的物理外观有关系吗？

卡内基：

如果一个人完全依赖物理外观进行判断，那么这种外观是具有欺骗性的。很多人都是这样被骗的。富裕的证据丝毫不能说明心态的和谐。贫穷的证据也绝不能明确地表明心态的不和谐。

然而，不要认为物质环境不重要。物质环境很重要，因为它们体现了一种积极或消极的心态，而头脑会接受这种心态并据此采取行动。接受由物质环境所反映的贫穷环境的人，会逐渐形成贫穷意识。相反，希望处于富裕环境的人心里会渴望成功。一个人所穿的衣服对他的心态有明确的影响。事实证明，即使是像鞋跟破旧的高跟鞋这样的细节也会使人产生一种自卑感，而一件脏兮兮的衬衫或一张没刮胡子的脸也会让人感到自卑。这些都是每个人所熟知的事实，但不是每个人都能认识到这些看似微不足道的细节的深远影响。

你可以驱车在乡间行驶，通过观察农民的土地和房舍的外观来分析他们的心理状态。那些具有贫穷意识的人，会任由他们的农场和房舍变得破败不堪、乌烟瘴气，有确凿的证据可以证明这一点。同样的情况也适用于城市中的家庭。只要看上一眼，你就能准确地了解居住者的心态。证据体现在草坪的外观、房子的状况以及一个人在靠近房子时获得的印象上。

希尔：

卡内基先生，您为我开启了一个新的思想领域，这个领域恐怕是我之前从未探索过的。您为我提供了一个分析别人的新标准——通过观察人们的物质环境和个人外表对其进行分析。

卡内基：

美国陆军官员对麾下士兵的外貌非常在意。他们根据经验得知，懒散的人忽视自己的外表和居住环境，这样的人注定是糟糕的战士。这就是为什么美国陆军和海军会定期对每个人进行仔细检查。通过个人的外貌可以准确地洞察一个人的想法。

这一规则同样适用于商业领域，只是没有那么绝对。例如，一些零售商店非常注重销售人员的个人仪表，因此也会开展定期检查。他们根据经验得知，公众在很大程度上是根据店员的仪表来判断一家商店的经营状况的。许多员工因其整洁的个人仪表吸引了别人的注意，并获得了晋升。当然，晋升不仅仅是基于个人仪表，但它是一个决定性的因素，它意味着与个人仪表相关的其他品质。

希尔：

是的，我明白了！一个人的外表展现了他的心态。

卡内基：

现在你明白了！不管一个人再怎么努力，他都不可能把他的心态与他的个人外表以及他的物质环境分开。这两者是紧密联系的。

我想提醒你注意，这条适用于人的规则同样适用于其他生物。一些漂亮的动物非常注意它们的外观。鸣禽保持着羽毛的整洁，而较为邋遢的鸟类，如秃鹰，则较少注意它们的外表。"整洁近于美德"这句古语绝不仅仅是一种修辞。地球上那些精神更加饱满的生物通过他们的外表和整洁的环境来反映它们的精神实质。单凭这一点，就可以为人们提供一条自我管理的线索。

希尔：

您说的"精神更加饱满的生物"，指的是那些表现出明确热情的生物吗？

卡内基：

可以这么说。我们甚至可以说人是"精神饱满的"或热情高涨的，或者是缺乏这种品质的。懒散而无精打采的人的习性与动物界中无精打采的生物的习性并无二致。是的，我想你可能会说，有些动物表现出了热情。拿一只很有教养的狗来说，你看到的是一种除了说话之外几乎什么都能做的动物，而且狗也能用它自己的方式说话。

希尔：

现在，让我们来看看阻碍热情的一些因素。

卡内基：

很好，我们首先列举热情比较常见的对立面，即：

（1）贫穷。有人说，当贫穷从前门进来时，希望、雄心、勇气、主观能动性和热情就会从后门逃之夭夭。

（2）疾病。当一个人身体或精神抱恙时，很难对其他事情表现出热情。

（3）生意失败。那些没能学会把失败转化为努力的人，通常会任由生意上的失败淹没他们的热情。

（4）爱情受挫。我从来没有见过一个人在遭受这种挫折的同时，还能表现出令人信服的真正的热情。

（5）家庭纠纷。如果一个人知道当他在一天工作结束之后回到家中，等待他的是一场争吵，那么他很难对自己的生意、职业或职位表现出热情。

（6）恐惧。热情和恐惧是蹩脚的搭档，这里指的是所有类型的恐惧。

（7）缺乏明确的主要目标。随波逐流的人很难控制自己的热情。就算他表现出热情，对象通常也只是那些不会给他带来永久好处的琐碎小事。一个明确的主要目标是激发热情的最大动力。给一个人一个目标，如果他能建立一种实现这一目标的执着渴望，热情就会成为他的一种自然习惯。

（8）缺乏自律。任由情绪支配自己的人，很容易成为负面情绪的受害者，当然，负面情绪对热情来说是致命的。

（9）对无限智慧缺乏信心。有益的热情也许就是那种已经学会如何让自己与无限智慧建立联系的人所表现出的热情，因为这类人将信念与热情结合在一起，从而使他在做任何事情的时候都能有明确的目标。

（10）拖延的习惯。就算拖延者表现出热情，这种热情也是缺乏力量的，因为没有明确的后盾。

（11）自行其是，不与他人合作。智囊团原则为个人提供了培养和运用热情的有效手段。过着"独狼式"生活的人通常是愤世嫉俗者，几乎表现不出热情。

（12）对朋友和生意伙伴不忠。通常来说，这种背信弃义的行为至少会暂时抑制一个人的热情。

（13）缺乏教育。尽管缺乏教育作为挫伤热情的一个因素被大大高估了，但许多人还是这么认为。

（14）缺乏自我提升的机会。它和贫穷一样，都是抑制热情的因素。大多数人似乎从未学会通过热情来获得机会。

（15）不友善的批评。大多数人在受到批评时会保持沉默，把自己的热情放在"冷库"里；或者，他们变得愤世嫉俗并反击批评他们的人。

（16）年迈。有些人并未把年龄上的成熟看成是获得更大智慧的途径，而是将其视为能力下降的标志。对于掌握和应用个人成功哲学的人来说，基于对头脑的更好地理解和运用，随着年龄的增长而来的是能力的增强。

（17）消极的心态。从阴暗面看待自己生活环境的习惯，对热情来说是致命的。

（18）怀疑和担忧。要成为一个始终充满热情的人，必须要有坚定的信念！疑心者是消极的，怀疑会成为一种习惯。如果一个人在一个方面放纵这种心态，这种心态就会在多个方面取得控制权。忧虑源自怀疑。它源于优柔寡断和无所作为。它是热情最常见的对立面之一，它是不可原谅的，因为这是一种可以通过下面这一简单的过程加以消除的习惯：确定明确的主要目标并努力实现这一目标，从而使头脑中没有怀疑的立足之地。

（19）习惯与心态消极的人交往。没有人能在与悲观主义者和愤世嫉俗者称兄道弟的同时保持热情。

（20）缺乏雄心壮志。

（21）拥有怀疑主义的倾向。

（22）在对他人和总体生活的批评中表现出消极心态。

这些都是热情的主要破坏者！

当头脑被这些破坏者中的任意多个因素共同支配时，就会变得消极。热情是积极的头脑的产物。我指的是那种永远积极的头脑，它是一种受控的习惯。

只有当一个人的工作唤起他所有的热情和热忱，他才能将自己能做的事情做到最好。

希尔：

那么，在热情成为一个人思维习惯的一部分之前，有必要将这些不良习惯从头脑中清除出去，对吗？

卡内基：

是的，热情是希望、信念和胜利意志的表现！它无法在怀疑、缺乏信念和目标不明确的情况下茁壮成长。热情必须通过与其性质相适应的行动来培养。空想和做白日梦都不能培养热情。

当一个人有了实现明确目标的执着渴望，并为实现这个目标倾注自己的一切，其渴望实现明确目标的行动特征就会演变成热情。

希尔：

热情会为信念的表达做好思想准备吗？

卡内基：

热情的培养包括三个明确的步骤。第一，一个人要清除头脑中的消极思想。第二，一个人在动机的基础上用明确的主要目标充实自己的头脑。第三，一个人开始行动，以实现这个目标，并以旺盛的精力坚持到底，从而使目标背后的动机成为一种执着。

消极思想可以通过养成其他更强大的相反性质的习惯来消除。在这里，身体的行动也同样起着重要的作用。一个人仅凭消除不良习惯的愿望，是不可能消除这些不良习惯的。不良的习惯必须被更强大的好的习惯所取代。

希尔：

那么，一个人就没有办法逃避工作了吗？

卡内基：

大多数人花费大把时间来逃避工作，但到目前为止，还没有人能够足够聪明地做到这一点而不经历其自然的后果——失败。

希尔：

如果我没有理解错的话，您认为，如果工作指向的是明确目标，那么工作就可以成为一种乐趣，是这样吗？

卡内基：

现在你已经找到了取得一切成功的关键。从广义上说，没有人能在没有找到内心的安宁和快乐的情况下取得成功。如果一个人在追求明确目标的过程中都找不到快乐，那么他怎么会找到快乐呢？许多人错误地认为，工作的目的只是获得物质，例如金钱，为了获得生活的必需品和奢侈品。但事实是，工作是获得快乐的唯一途径。一个游手好闲的人永远不会快乐。快乐来自做自己喜欢做的事。

我有很多钱，但我坦率地告诉你，我并未从中得到快乐。我所体验到的快乐来自规划、建设、创造以及帮助他人在世界上找到自己的位置。金钱和物质的东西无法提供友谊，除非它们被用来为所有者提供行动支持。守财奴永远不会快乐，但用自己的物质财富表达自己的想法并帮助别人表达他们的想法的人，可能会变得快乐。

如果一个人以正确的态度投入工作，工作可以成为一种乐趣。我曾经问托马斯·爱迪生，他是如何做到工作这么长时间却不觉得筋疲力尽的。托马斯·爱迪生表示："我对我所做的事情非常感兴趣，因此，你们所说的工作对我来说就是娱乐。我的烦恼不是工作时间太长，而是工作时间太短。我舍不得把我的时间用来睡觉。"我对此一点也不觉得惊讶。

他说的是事实。他的工作成了他的执念。他对工作的兴趣如此强烈，这让他从中找到了快乐。每一个找到自己的工作并怀着热情投入其中的人都有这样的体验。爱迪生的热情使他的工作不再是一项苦差事。这就是他在经历数千次失败之后依然可以坚持完成一项任务的原因。这就是为什么他是世界上伟大的发明家之一。发明是他的爱好，他并没有将发明看成工作。他是在玩耍，尽情地玩耍。

观察任何一个将工作变成执念的人，你就会发现他从工作中获得了快乐。

希尔：

是的，我理解您的观点，但我的头脑中一直在回想那些出生在贫穷家庭和无法接受教育的环境中的人。我对那种环境有所了解，因为我就出生在那种环境中。当一个人看到的每一件事、与他交往的每一个人都在暗示贫穷时，他又是如何对所有事情产生热情的呢？

卡内基：

我认为，你可以通过回忆你是如何逃离你出生时那种不受欢迎的环境，来回答自己的问题。你采取了哪些措施？你培养了什么样的心态，让你得以选择一个更加理想的环境？你有充足的热情！你是如何获得这样的热情的呢？当你回答完这些问题后，你就能比我更好地回答你自己的问题。

希尔：

我之所以能逃离我出生时的那种不理想的环境，是因为我受到了一位拒绝接受贫穷的杰出女性的影响：我的继母。她通过使我渴望确立一个明确的主要目标，激发了我的想象力，我跟随这个渴望走出了"丛林"。正如您所说的那样，她的热情具有感染力。我获得了热情，同时，它也成了我自己的热情。但我有幸偶然受到积极心态的影响。并不是每个人都这么幸运。那些不曾被偶然的机会眷顾的人呢？他们又该如何摆脱贫困环境带来的死气沉沉的影响呢？

卡内基：

我很高兴你提出了这些问题，因为我有这些问题的答案，并且我希望你记住这个答案。我已经告诉过你，当每个人开始用取胜的意志代替贫穷意识和失败主义精神的时候，正是这个人生命的转折点，这个转折点通常是他在某个具有积极心态的人的影响下达到的。我承认，在大多数情况下，这个转折点是在偶遇某个对的人时达到的。事实上，我想强调这个事实。正是对这一事实的认知，激发了我在很长一段时间里寻找一个人来帮我整理个人成功哲学。当这一哲学整理完成时，它将成为一个人所需的必要的外部影响，从而使他能够摆脱包括贫穷意识在内的任何不想要的东西。

因此，你看，你正在接受教育，以帮助我回答你所提出的那个非常重要的问题！在个人成功哲学彻底完成组织和检验之后，它将被带给身处个人成功和这个世界最贫穷环境中的人们。在我们组织个人成功哲学的时候，我们不要忘记用最基层的人都能理解的语言去准备它。在我们介绍个人成功哲学的时候，我们不仅要告诉人们，他们应该做些什么才能逃离他们不想要的生活环境，而且我们必须教他们如何去做。我们必须尽自己的聪明才智，使个人成功哲学做到几乎万无一失。

希尔：

所以，我的问题就像回旋镖一样又回到了我这里！

卡内基：

不，你的问题为我提供了那个我一直在等待的机会，这个机会将使你铭记你所要承担的责任的性质。我希望你把你的工作进行到底。你正在为帮助人们打开他们思想的牢门做准备，他们在思想的牢狱中被自己强加的限制所束缚。从这个角度看待你的工作，你就永远不需要担心自己缺乏热情，除非它是为了让你不把自己逼得太紧太急。

现在我可以告诉你一件会让你倍感欣慰的事。你被选为我的使者，负责组织个人成功哲学。不仅是因为在我向你提供机会时，你敏锐地认识到了机会并采取了相应的行动，还因为你的出身使你认识到需要一种旨在唤醒人们并帮助他们摆脱贫困意识的鼓舞人心的哲学。

你知道什么是贫穷，因为你曾经生活在贫穷之中。

你知道什么是富裕，因为你正开始享受富裕。最重要的是，你知道摆脱贫穷的方法；或者，当你完成个人成功哲学的组织工作时，你就会知道摆脱贫困的方法。

因此，你在自己的亲身经历中找到了证明"逆境会带来同等利益的种子"这一理论合理性的最佳证据之一。你的绝佳机遇来自你出生时所处的不利条件。我希望你能铭记这一点。我希望你能让其他人也铭记这个想法，因为这是生活中非常重要的事实之一。在紧要关头，当失败突然降临在一个人的头上，他的热情被消磨殆尽的时候，这个想法的重要性就会最大限度地显现出来。掌握个人成功哲学的人，不仅会发现失败只是暂时的，而且他会知道。当他失败的时候，在某个地方存在着同等的胜利的种子，而且他会开始寻找那颗种子。如此一来，气馁就可以被转化为热情！

希尔：

所以，我从您的眼神中可以看出，您故意引导我问了一个问题，让您有机会对我进行教育，对吗？

卡内基：

我必须承认你是对的。是的，我一直在等待这个时刻，好让你措手不及，这样我就能帮你把怀疑转变成信念。我早就知道，你一直在担心那些出生在不利环境中的人如何才能摆脱那种环境。你的担忧是你亲身经历的产物，你离你出生的环境还不够远，不足以使你摆脱它对你的影响。不要让它给你带来更多的担忧。从现在开始，你将与那些具有成功意识的人建立联系，他们的影响将带给你希望和信念，因为你会发现，他们每个人在掌控自己的思想之前，都经历了某种与你类似的经历。

是的，我确实给你设下了一个"陷阱"，我很高兴你落入了这个"陷阱"，因为这给了我一个机会，迫使你在一个最重要的课题——摆在你面前的工作方面，成为自己的老师。将来，当你告诉任何一个人"逆境会带来同等利益的种子"时，你可以结合自己的经历。你说的话对于别人来说将更有说服力，因为它是基于你所知道的，而不是你所听到的东西。我还为你准备了其他"陷阱"，所以你可要当心了！

希尔：

根据您所说的，我是否可以认为，出生在贫穷环境中的人，只有在具有积极心态的人的影响下才能摆脱那样的环境？

卡内基：

哦，不！有些人天生就具有驱使他们寻找脱贫之路的天性，他们一旦独立，就会开始寻找这条出路。

希尔：

但是，如果他们得到那些用雄心和信心激励他们的人的帮助，他们就能更快地找到这条出路。您是这个意思吗？

卡内基：

是的，这是真的，但我的经验是，即使是那些开始寻找摆脱贫困的方法并成功找到这种方法的人，往往迟早也会遇到这样一个人，这个人会通过想象力、主观能动性或其他能够起到重大帮助作用的品质，鼓舞寻找摆脱贫困方法的人。我不记得曾经有谁在未受到一个或多个帮助过他的人的影响下，就取得了令人瞩目的成就。无论我取得了怎样的成就，这些成就在很大程度上都要归功于我从别人那里获得的帮助。

希尔：

您提倡一个人应该习惯性地依靠他人的帮助，还是应该主动出击？

卡内基：

主动出击的人取得成功的机会要比依赖他人的人大得多。

当一个人想要做某事时，他应该利用手头的所有工具主动出击。他将获得更多的资源，这些资源在数量上将与他所使用的可用资源成正比。这个世界并不青睐那些过度依赖他人来提升自己的人。我曾经看到过一句格言，我对它的印象非常深刻。这句格言是这么说的："有些人在他人的鼓励之下成功了，而少数人不顾魔鬼和天使的影响而成功。"我很喜欢这句格言的后半部分。他人的鼓励大有裨益，而自我鼓励也是必不可少的。

希尔：

一个人天生渴望胜利却缺乏与生俱来的热情，您会如何鼓励这样的人？您当然知道存在这样的人。他们注定会失败吗？

卡内基：

现在，你的问题险些让你陷入另一个陷阱。这个问题我之前已经回答过了。我想让你自己来回答这个问题。

希尔：

是的，当然！您的意思是说，智囊团原则为一个人提供了一种媒介，任何个人缺陷都可以通过这一媒介来弥补。卡内基先生，难道您不是这么想的吗？

卡内基：

正是如此！我可以给你列举出十几个人的名字，虽然这些人没有表现出积极的热情，但他们正在自己选择的事业上取得成功。他们很明智地选择了一个或多个拥有热情所需的能力的人加入他们的智囊团中。我的智囊团里有几个人完全没有热情这一品质，事实上，他们中有一个人被称为该团体中"令人扫兴的"人。我们让他进入智囊团就是为了这个目的。他的职责就是找出那些行不通的计划。他质疑每件事和每一个人。如果他微笑，那一定是在他睡觉的时候。但他是我们之中最有价值的人物之一。但是，如果我们的团队中没有其他人凭借自己的热情，将他们的想象力投入工作之中，形成计划和想法，那么这个人的价值就会降低。一个想法的提出者很少能够成为这个想法的最佳批评者。

希尔：

　　卡内基先生，在我看来，我可能把您带进了一个陷阱，因为您刚刚承认，一个没有热情的人可能会成为一个组织的重要组成部分！

卡内基：

　　再想一想，你忽略了一个事实，我说过，在我们的智囊团里有提供热情的人。没有热情的人通过与那些有热情的人交往而获利，就像有热情的人通过与没有热情的人交往而获利一样。没有热情的人需要有热情的人的想法；有热情的人需要没有热情的人的"平衡"影响。

希尔：

　　我明白您的意思。没有热情的人如果只靠自己的主观能动性行动，他的价值就可能大打折扣。

卡内基：

　　就是这个想法触发了你为我设下的陷阱。现在我可以提醒你注意，你刚刚掉进了自认为为我设下的陷阱吗？现在你有一个关于智囊团原则的观点，这是我一直试图向你灌输的观点。你知道，一个智囊团应该由思想的创造者和思想的批评者组成，这两种人应该和谐共事。每一个智囊团都应该至少有一个"令人扫兴"的人来检验其他人的想法。只有这样，你才能拥有"平衡"的热情。

　　大多数受热情鼓舞的人都有一个弱点，那就是他们缺乏一种可靠的手段，通过建设性的批评者的影响控制自己的热情。

一位充满热情的工匠尊崇自己的技艺并取得成果。

希尔：

我明白您的想法，卡内基先生，我会记得将这一观点纳入个人成功哲学。恐怕正是因为不理解您所阐释的观点，才导致很多人在选择生意伙伴时做出了错误的判断。

卡内基：

现在你正在进行真正的分析。企业的失败通常是由错误的人际交往造成的，我一次又一次地见证了这一事实。现代工业非常复杂，对其进行成功的管理需要许多不同类型的人。让一种人承担过重任务的企业，一开始就会遭到打击。

希尔：

您如何成功防止"令人扫兴"的员工扼杀有创意的员工的热情？

卡内基：

可想而知，在一个管理得当的企业，这两种人都有一席之地，他们都是企业成功运营所需要的。当然，你需要明白，专业批评与自发的、不请自来的批评，比如一些人在社交关系中向其他人提出的批评，是截然不同的。专业批评被视作，或者应该被视作一种友善的分析，旨在使所有受其影响的人受益。而个人批评表达的往往只是一种通常基于敌意的反对意见。

希尔：

那么，您认为雇主应该受到来自员工的友善批评吗？

卡内基：

如果雇主没有受到这样的批评，他就没有从与他共事的人那里得到最好的服务。身边满是"应声虫"的雇主——许多雇主都是如此——很少能取得成功，他们也永远不会取得在接受友善批评的情况下可能享有的成功。

希尔：

卡内基先生，您的分析很具有启发性。您是钢铁工业公认的领头羊，当您说，您对钢铁工业的最大贡献，在于您有能力挑选那些能够并愿意做要求他们做的事情的人时，我就开始明白您的意思了。如果我理解得没错，您现在是在指导我如何建立一个由高效的人才构成的组织。您是这么想的吗？

卡内基：

这恰恰是我正在做的事情。除非个人成功哲学清楚地解释了正确处理所有人际关系的方法，否则它将无法完成自己的使命。人际关系是这个世界上非常重要的课题。成功和失败都取决于人际关系。教育制度所能提供给每个人的最大服务，就是教会他如何在尽量不遭到他人反对的情况下在生活中进行谈判。这远比在文艺与科学方面的训练重要得多。精通文艺与科学的人不计其数。人们可以通过支付工资雇用他们。而善于建立和谐人际关系的人却少之又少。请记住，个人成功哲学的主要任务，是训练人们通过和谐精神以及影响他人做同样的事情的能力，建立与他人的联系。

希尔：

我明白您的意思，卡内基先生。与我们刚开始此次讨论时相比，现在我对热情这个话题的理解深刻了许多。将热情这个话题视作一个单一的单元是不够的，热情与个人成功哲学的其他原则有关，这些原则必须与热情结合起来一起运用，才能使热情成为促进个人利益的有效手段。

卡内基：

现在你开始真正理解个人成功哲学了。个人成功哲学的每一项原则都与其他所有原则相联系。这些原则就像链条上的扣环一样环环相扣。例如，热情与自律、吸引人的个性、有组织的努力以及有条理的思想等原则直接相关。将自律从热情中去除，你面对的就是一股只会让人养成夸大其词这一危险习惯的力量。

希尔：

"习惯"这个词也经常出现在个人成功哲学中。

卡内基：

是的，"行动"这个词也是如此。两者都是关键词。习惯是通过行为的不断重复养成的，这不仅适用于生理习惯，也适用于心理习惯。广告业者认识到，观念的不断重复是广告成功的关键。每年数百万美元的广告支出仅仅是为了通过不断重复强调产品的名称。如果重复原则在广告中是合理的，那么它在其他联系中也是合理的。

一个想法第一次被提及时，有些人根本没听清这个想法说了什么。如果再重复一次这个想法，人们可能会认为自己听到了某种噪声，但他们不能确定这噪声要表达什么意思。如果再重复一遍，人们对所说的内容会有一个模糊的概念。第四次重复这个想法时，人们会听得很清楚，但不会对它留下深刻的印象。也许，第五次重复这个想法时，它可能会进入人们的意识中，但除非此后继续多次重复这个想法，否则这个想法不会留在人们的意识中。

当然，我说的是新想法。人们接受新想法的速度很慢，当他们第一次听到新想法时，通常会表现出敌意。只有训练有素、自律、警觉的人才能接受首次提出的想法。这样的人十分罕见。当你想要传达一个新想法时，请记住我说过的话。

希尔：

卡内基先生，我可以想到一个词，这个词在人们第一次说出口的时候就可以被听到和理解。这就是："我爱你。"

卡内基：

　　是的，但它们背后的想法并不新鲜！它和人类一样古老。即使是这些词也需要经常重复，否则就会失去意义。如果你怀疑这一点，就请观察一下那些不再对自己的妻子或心上人说"我爱你"的男人。也许浪漫比世界上其他任何话题都更能带来热情，但除非通过话语和行为的重复来维持它的生命力，否则它会枯萎和消亡。友谊也是如此。忽视通过言行表达友情的人，很快就会发现自己没有朋友。你看，即使是伟大的友谊也离不开行动的支持。

希尔：

　　这只是在用另一种说法表明，任何事物都是有代价的，除非付出代价，否则就不可能得到任何具有永恒价值的东西。

卡内基：

　　是这样的，哪怕是爱情和友谊。要是有谁认为，这两种重要的人际关系是免费的，那他是在自欺欺人。事实上，没有其他人际关系像这两种关系一样需要精心呵护。一旦一个人停止用言语和行动维持这些关系，它们就会消亡。

希尔：

　　我无意将您对热情的分析转移到对爱情的讨论上。

卡内基：

　　你并没有将我对热情的分析转移到对爱情的讨论上。你提出的这个话题比我所能提到的任何东西都更能激发热情。把热情从爱情和友情中抽走，你就什么都没有了。爱情和友情是最高形式的感受。

希尔：

一个人可能会将这个例子进一步拓展为：把爱情和友情从这个世界上带走，就没有什么值得你为之奋斗的东西了。

卡内基：

是的，这些关系与最高的文明成就有关。如果一个人没有朋友，没有所爱之人，他还不如回到原始状态，和丛林中的野兽为伍。

希尔：

我从未将热情视作一个人审美天性的重要组成部分，但我看得出来，它是必不可少的。

卡内基：

不仅仅是其中的一部分，实际上是全部。人类欣赏或创造艺术品的能力本身就是一种热情。如果你记得热情是一种高度集中的情感，那么你就会明白这一点。因此，它与所有积极情绪直接相关。

希尔：

因此，热情是头脑的行动特征，它激发一切有组织的努力，并将所有积极的动机付诸行动。

卡内基：

现在你开始理解我一直试图向你传达的意思了。现在你明白为什么拉尔夫·沃尔多·爱默生说"没有热情，就不可能取得任何伟大的成就。"他的话建立在对热情力量的深刻理解之上，因为他一定知道，热情是一切积极思想和一切有组织的努力的行动特征。

希尔：

是的，我现在明白了，您为什么强调一个人必须将形成执着的动机作为一个人明确的主要人生目标的基础。执着的动机的背后是热情。是这样吗？

卡内基：

你的理解是正确的。请注意，你也明白，和其他任何习惯一样，热情可以通过控制一个人的心理习惯和生理习惯加以培养。

希尔：

您的分析解答了一个困扰我许久的问题。我发现，一般的公共演讲者在演讲的最初几分钟，必须经历他所谓的"热身"阶段，然后才会表现出热情的迹象。根据您对热情与行动的关系的阐述，我得出的结论是，"热身"过程是思想与肢体语言之间的协调过程，思想会通过肢体语言不断得到强化，直到变成热情。

卡内基：

这对我来说是全新的观点，但我觉得你是对的。与公共演讲有关的另一个因素是我此前从未想到过的。我发现，只有当公众演讲者的热情达到顶点时，他的思想才会焕发出最夺目的光彩。因此，很明显，热情能够激发想象力，使人的记忆力更加敏锐，也许在某些情况下，当公众演说者的热情高涨时，热情还会通过潜意识在演讲者与无限智慧之间建立直接联系。我早就观察到，潜意识对在高度情绪化的情况下产生的想法有着更快的反应。

希尔：

您的分析表明，被称为信念的心态与热情的情感感受直接相关。

卡内基：

是的，确实如此。强烈的热情可能会加快思想脉动的速度，从而使意识与无限智慧建立直接联系。例如，当一个人养成目标明确的习惯，并将这个习惯运用于所有日常事务时，他很快就会实现他期望实现的目标。通过将思想集中在自己的渴望之上，他通常会在适当的时候得到回报，因为他相信自己有能力得到自己渴望得到的东西。现在，我希望你注意的一个重要特征是，平淡无奇的渴望会在多大程度上变成确定无疑的信念，与一个人在多大程度上通过热情强化自己的渴望息息相关！当高涨的热情足以使一个人有足够的信心（在他的想象中）看到他已经拥有的渴望实现的目标时，甚至在他实际占有物质之前，就能体验到与自己期待获得的完全相同的结果。人们给这种力量起什么样的名字并不重要！不管这种力量叫什么名字，它都会带来结果。真正重要的是一个人对待这个问题的心态。恐惧、怀疑、犹豫不决和缺乏热情总是会产生与渴望原则相关的负面结果。如果头脑被这些消极因素中的任何一个所支配，那么渴望的结果也将是消极的。对于这一点我十分确定，因为我结合自己的经历和许多其他人的经历，对这个问题进行了毕生的研究。极为重要的是，缺乏热情最终会导致消极的结果，这种结果既和明确的目标原则有关，也和渴望有关。

既然执着的人很有可能得到自己想要的东西，那就一定要只要求得到最好的东西。

希尔：

那么，无法培养热情的人，就是无可救药的"残疾人"，不是吗？

卡内基：

不，我不会说得那么坚决。"无可救药"这个词非常绝对。它几乎和"死亡"这个词一样绝对。我不喜欢把任何情况想成是无可救药的。

不能或不会培养热情的人，仍然可以在智囊团原则中找到希望，通过这个原则，他可以从那些能够培养热情的人那里受益。

他还可以在罹患忧郁症和疑病症（臆想的疾病）的极端情况下，利用通过暗示疗法进行治疗的医生的帮助，摆脱思路闭塞（培养热情需要思想自由驰骋）的状况。人们发现，脾气不好、消极的心态、冷漠、懒惰和头脑缺乏警觉性，通常都是由某些可以纠正的身体状况导致的。这些状况通常也可以追溯到大脑心理器官的某种怪癖，这种怪癖可以通过暗示疗法（适度应用催眠术）和个人应用自我暗示加以纠正，前提是他理解头脑的运作过程，并且有意愿纠正阻碍心理正常运作的弊端。

希尔：

热情和健康似乎有很多共同之处。

卡内基：

是的，你可以更进一步地认为，每当一个人缺乏热情时，他都应该注意照顾好自己的身体，因为他会在其中找到缺乏热情的原因。健康（身心健康）的人很少缺乏热情。警觉的头脑无法在沉闷、迟钝的身体中发挥作用。

希尔：

那么饮酒的习惯呢？它难道不是热情的破坏者之一吗？

卡内基：

饮酒的习惯不仅仅是破坏热情这么简单。它会激发更大的热情，但被称为"宿醉"的反应才是热情真正的破坏者。超出合理的酒精摄入量，任何摄入体内的酒精都可能变成一种摧毁身体抵抗力的毒药。对身体而言唯一安全的兴奋剂（不包括医生在治疗中使用的兴奋剂）是通过激励和热情发挥作用的精神刺激。这种刺激不会导致有害的生理反应。这是天生的良药。如果这种刺激成为一种习惯，它将是一种有益的习惯，比酒精等任何人工合成的刺激物的益处都要大。

希尔：

所以您谴责使用麻醉剂和酒精，对吗？

卡内基：

一点儿没错！除非它们是在一位声名卓著的医生的指导下使用，这位医生在治病救人的过程中将它们用于医疗目的。

希尔：

您甚至不建议在社交场合饮酒，对吗？

卡内基：

在社交场合适量饮酒可能没什么坏处，但太多人正是因为偶尔在社交场合饮酒才养成了喝酒的习惯。做一个滴酒不沾者是最保险的。

希尔：

我听说，一些非常伟大的作家、音乐家和诗人，在酒精的作用下发挥出了自己的最佳水平。这些人中包括埃德加·爱伦·坡（Edgar Allan Poe）、罗伯特·彭斯（Robert Burns）、詹姆斯·惠特科姆·莱利（James Whitcomb Riley）

和斯蒂芬·福斯特。

卡内基：

　　是的，或许他们在酒精的作用下表现得很好，但不要忽视他们的生活悲剧。我们知道这些悲剧的一部分，但不是全部。酒精和健全的头脑难以和谐相处。醉人的酒精会刺激头脑的活动，但活动的反应将等同于活动本身。这一反应包括头痛和头脑迟钝。如果这种对头脑的刺激成为一种习惯，它将破坏灵感感知的能力，这是大自然用一种自然的能量刺激头脑的方法，这种方法不会产生任何不利的影响。一个人可能会因热情而高度陶醉，但这种陶醉不会导致任何令人头疼的麻烦，也不会破坏头脑对激发热情的各种刺激做出反应的能力。

希尔：

　　所以，当人类用自己的头脑刺激方法代替自然已经提供的刺激方法时，他似乎就会为自己所犯的错误遭到惩罚，这个惩罚就是他无法获得大自然提供的刺激方法。您是这个意思吗？

卡内基：

　　我就是这个意思！大自然会惩罚对其运作方法施加的干扰，不仅仅是在精神刺激方面，还包括所有其他方面。例如，大自然为人类提供了头发作为覆盖物来保护头部，但如果一个人试图用他自己的覆盖物来改善大自然的手艺，用一顶紧身帽阻断头发根部的血液循环，那么大自然就会用秃头来惩罚这种干扰。

　　当人类使用麻醉剂和酒精代替自己刺激头脑的方法时，大自然也会做出完全相同的反应，但在这种情况下，大自然特别不喜欢人类的努力，因为大自然不仅用头痛和中毒来惩罚人类，而且还把人类因为自身的愚蠢而使自己变得盲目的习惯固定在人类身上！如果你曾经近距离地了解过一个有酗酒习惯的人，你就会认识到大自然对那些用人工合成的刺激物代替大自然刺激头脑的方法的人所施加的惩罚有多么可怕。如果这种习惯持续下去，最终，大自然会因为它的法律遭到违背而要人类付出极大的代价，使人患病甚至死亡。因此，似乎很明显的是，头脑是身体的一部分，对其进行干预会招致任何人都难以承受的惩罚。

希尔：

　　是的，我明白您的意思。此外，您的分析还让我对一个人通过消极思想刺激头脑时对自己造成的伤害的性质有了全新的、更好的理解。我可以看出，大自然对一个缺乏信念之人的惩罚，是将他没有信念的习惯牢牢固定在他身上！

卡内基：

　　同样的原则也适用于一个人的心态，不管这种心态具有怎样的性质。如果一个人的心态是积极的，大自然就会根据习惯法则，用积极心态的益处来奖励一个人，在习惯法则的作用下，这些益处可以成为永久的益处。如果一个人的心态是消极的，大自然则会通过同样的习惯法则对一个人的错误进行惩罚。

希尔：

由此看来，大自然似乎不会忽视人的任何想法或行为？

卡内基：

是的，就连一个想法都不会忽视。一个人所表达的每一个想法和他所表现的每一个身体动作都会成为他自身性格的一部分。

希尔：

因此，很显然，如果一个人的主导思想是消极的，那么最终，他的大部分身体行为也将是消极的，是这样吗？

卡内基：

这就是大自然的运作方式！这就是为什么那么多人无法获得热情的原因。他们已经破坏了他们通过自然的刺激媒介刺激头脑的能力。他们中的许多人求助于酒精，相信自己会从这些人工刺激物中受益，但这样的想法只是徒劳。事实是，这些刺激物只会更加牢固地将惩罚绑定在他们身上。试图通过使用人工刺激物逃避恐惧、担忧或悲伤的人，遭遇的情况和试图从流沙中脱身的人是完全一样的。每一次挣扎都会使他陷得更深。

希尔：

我从来没有想过，酒精与冷漠以及缺乏热情会有什么关系，但从您的分析中我可以看出，它们之间是有关系的。

卡内基:

如果你研究一下任何一个刚刚从酒精的影响中恢复过来的人,你就会知道他受到的是伤害,而不是受益。他扭曲的面部表情、他红肿模糊的双眼、他的坏脾气、他迟钝的想象力、他的紧张、他的胃部不适和食欲不振——所有这一切都讲述了一个不容忽视的故事。

相反,观察任何一个头脑被执着的渴望、热情或任何其他鼓舞人心的东西所刺激的人,并注意他的精神状态,你发现的将是冷静、沉着、闪闪发光的双眼、悦耳的语调、柔和的脸部线条以及时刻保持警觉的头脑。

这样的观察只会让人相信,除了那些与深受鼓舞的情感有关的刺激方法外,大自然会惩罚所有其他刺激头脑的方法。这一结论不会有例外。

希尔:

是的,我做过这样的观察,卡内基先生,而且我发现您所说的例子适用于通过愤怒、恐惧、报复、嫉妒或任何其他负面情绪刺激自己头脑的人,就像通过酗酒刺激自己头脑的人一样。

卡内基:

完全正确,而且我想提醒你注意这样一个事实,所有这些习惯,无论是积极的还是消极的,都会在脸部特征和语调上留下难以磨灭的识别印记。这是大自然奖励或惩罚一个人使用自己思想权利的另一种方式。大自然在一个人的脸上清楚地描绘了这个人的心理习惯,以此让整个世界警惕这个人的本性。呆滞的眼神、刺耳暴躁的语调、僵硬的面部线条、做咆哮状的嘴唇曲线、紧张的身体动作，所有这些都在告诉世界，这个人的内心并不平静。

希尔：

您的分析让我觉得，对着镜子仔细审视自己，确保自己的内心没有自欺欺人，可能会给一个人带来丰厚的回报。

卡内基：

一个人学着读懂我提到的那些信号，将是一个极好的计划。但是，还有另一个信号可以让一个人获得有关自己内心真实性质的准确线索。这个信号就是他的内心感受。热情、希望和自立是一个自律者的天然财富。如果一个人缺乏这些心态，就有必要进行某种调查。这条规则从来没有例外。一个与自己和这个世界和睦相处的人，上床睡觉时一定会对尚未到来的明天心怀某种程度的希望。每个人每天都应该就这一点进行自我检验。当希望消失时，某种需要被移除东西就会取代希望。很明显，在这个揭示一个人怀有希望或缺乏希望的简单测试中，大自然给每个人提供了一种准确的自我分析手段。

希尔：

我从来没有这样考虑过希望，卡内基先生。既然您提到了这一点，根据我对自己有限经验的回忆，我认为您是对的。您的启示也让我更好地理解了明确目标的原则。如果一个人抱有明确的主要目标，这将为他提供一种方法来检验他自己拥有的许多品质，如自立、主观能动性、想象力、自律、创造性的眼光、有条理的思想以及许多其他基本品质。每当一个人发现自己对实现明确的主要目标不抱希望时，他应该将这种情况视为对自己的一个警告：他缺少某种必要的精神品质，某种有害的习惯已经开始在他身上生根发芽了。您是这样认为的吗？

卡内基：

你说得很好。希望是信念的先导。没有希望，就不可能有信念。可以肯定的是，一个人如果没有热情，就不会有希望，因为这两者是息息相关的。事实上，热情是希望的一种明确表现。首先出现的希望，它是渴望的结果，紧随其后的是通过热情体现出来的希望，希望和热情发展成熟后变成信念，信念就是战胜一切形式的失败并克服阻碍一个人实现其明确的主要目标或次要目标所有障碍的心态。

因此，你看，由于希望、热情和信念三者之间的密切关系以及我们称之为成功的生活环境，希望、热情和信念成了具有惊人意义的关键词，缺少了其中任何一个关键词，就不可能取得成功。

希尔：

这相当于是在说成功需要热情，对吗？

卡内基：

一点儿都没错！成功归根结底是一个人的心态问题，我希望我们已经清楚地看到，没有什么心态比热情更加重要。执着的渴望和热情是同义词。当一个人谈及燃烧的渴望时，他指的是有热情作为支撑的渴望。我们知道，这种渴望会激发创造性的眼光、个人主观能动性、自立、明确的目标以及所有对于成功而言不可或缺的品质。

希尔：

我以前从来不知道热情会有这么多"亲属"。热情似乎与所有积极的思想品质有关。

卡内基：

是的，你可能也注意到了，对于所有消极的思想品质来说，热情是一种强大的威慑力量。因此，热情不仅是一种精神刺激物，还有助于监督头脑免受消极思想的侵扰。

希尔：

所以，这就解释了为什么"每天开怀大笑能让老人远离忧郁"。

我同样记得，大多数说话时面带微笑的人通常只会说具有建设性的事情。

卡内基：

你可以做进一步观察，你会发现，那些习惯微笑的人，即使不说话，也可以通过笑容向世界宣布他们具有积极的主导思想。通过更加深入的观察，你会了解到，当一个人微笑的时候，心态和身体行动之间的协调会在头脑的运作中产生可喜的变化。

我在这里分析的理论同样解释了为什么被迫进行的体育锻炼，比如一个人在体育馆所做的锻炼，其效果不如一个人进行一项自己热衷的、可以协调身心的运动来的大。

希尔:

　　您的解释提醒了我，不管一个人做什么，动机都是一个重要的因素。现在，我想起了我的父亲强迫我进行的锻炼，他将锻炼作为对不当行为的惩罚，而这种锻炼花费的体力并不比我去钓鱼花费的体力多，但效果却大不相同。

卡内基:

　　当然！被迫锻炼背后没有任何热情可言。钓鱼之旅背后确实有热情。在钓鱼之旅中存在身心的协调，但被迫锻炼不存在任何身心的协调。我怀疑，你在钓鱼之旅中付出实际体力消耗可能是你被迫锻炼时的十倍，但却没有被迫锻炼时觉得累。

　　一个人本着热情的精神采取的任何身体行动，所需的能量都比在没有热情的情况下采取相同的行动来得少。

希尔:

　　您的意思是，一个人的心态会改变他在所有形式的身体运动中所使用的体能?

卡内基:

　　是的，你只需要分析一个人在工作和娱乐时所使用的能量的差异，就可以认识到，心态是决定体能损失或保存的一个非常重要的因素。一个人无论做什么，热情都能使他摆脱劳动的单调乏味。因此，每个人每天都应该抽出一些时间，通过某种他十分感兴趣的行为进行消遣娱乐。那句老话"只工作不玩耍，聪明的孩子也变傻"可不只是一个比喻。它建立在健全的心理学基础之上。

但如果一个人喜欢他的工作胜过任何形式的游戏，又会如何呢？工作对他来说难道不是一种消遣吗？

是的，在某种程度上，工作对他而言就是一种消遣。但是，如果一个人想要保持健康，那么他的心态和行为都应该有所变化。一个人应该学会像卖力工作一样尽情地娱乐。此外，他应该学会把整个心思从工作转移到娱乐上来。这是保持健康所需的一种自律。我认识一些人，他们在晚上上床睡觉时还想着工作，但他们中的大部分人都没有活到平均寿命。这是一种需要足够的自律使自己能够在不丧失热情的情况下将动机从工作转移到娱乐上来的情况。

身体既需要思想的多样性，也需要身体行动的多样性，就像它需要各种各样的食物一样。

在一种环境中生活并总是在一种条件下工作的人，最终将会成为我们所说的“怪人”。他丧失了分寸感，并将随之在很大程度上丧失自律能力。一个人应该非常灵活，可以在不同的心态和行为之间随意转换而依旧泰然自若。只有这样，一个人才能打破日常生活的节奏，摆脱固定的习惯，否则他就会被这些习惯所束缚。

多年来，我一直保持着这样一个日常习惯：将心思从主要目标转移到某个与主要目标完全不相干的目标上来。有时候我会打打高尔夫球；其他时候我会听听音乐，最好是交响乐；还有的时候我会看看书。但在每个工作日，我总会至少抽出一段时间，把所有和生活中的主要目标相关的想法放到一边。我发现，通过这样做，当我将心思重新放到主要目标上时，我的头脑是清醒的和警觉的。因此，我的头脑可以更加高效地运转。

地球上最悲哀的生物，就是由于经济压力或其他原因，在成长过程中无权玩耍的孩子。这种生活的破坏性影响将伴随孩子一生。人类这种创造物需要不断地改变习惯，才能保持健康和快乐。正是对人类天性中这一特点的自然反应，才导致了每个人都喜欢旅行。旅行带来思想的变化，使人得到"精神上的休憩"。

希尔：

卡内基先生，这一分析让我陷入了深深的困惑，但我必须承认，它让我更好地理解了热情在一个人的生活中所扮演的角色。最重要的是，它让我明白了，持续的热情需要心态和行为上的变化。此外，单调的例行公事会破坏一个人保持热情的能力。所以，今后我在娱乐的时候，脑子里会想着有益的目标。

卡内基：

这正是我希望你能明白的一点。一个人做任何事情都应该有明确的目标，因为这会给一个人的努力增添热情。只有这样，热情才能成为一种习惯，正如一个人将热情与自己的工作和娱乐结合在一起的时候，热情显然就成了一种习惯。

希尔：

那么，您认为背后没有计划和目标的热情是没有用的吗？

卡内基：

不仅没有用，而且可能非常危险。和其他任何情绪一样，热情应该受到自律的严格控制。

希尔：

您认为自律应当由适合于发展和控制热情的自发习惯构成吗？

卡内基：

是的，习惯是一个人唯一能够控制的自律方法。

对热情原则的分析
——拿破仑·希尔

热情是人类最大的财富之一。

它胜过金钱、权力和影响力。

充满热情的人单枪匹马就能说服和支配一切，而一小撮工人所积累的财富几乎不会引起人们的兴趣。

热情将偏见和反对意见踩在脚下，摒弃不作为，攻陷自己目标的堡垒，并像雪崩一样压倒和吞没一切障碍。

这正是对行动所怀有的信念。

信念和主观能动性恰到好处地结合在一起，就能消除如山般的障碍，取得奇迹般闻所未闻的成就。

让热情的胚芽漂浮在你的工厂里、你的办公室里或你的农场上，以你的态度和方式传播它，它会在你意识到之前，传播并影响你所在行业的每一个细微之处。它意味着产量的增加和成本的降低；它意味着快乐和愉悦，以及对你工厂的工人感到满意；它意味着真实而充满活力的生命；它意味着一生中自发的基础成果——带来红利的充满生机的东西。

——亨利·切斯特（Henry Chester）

在读了卡内基先生对热情重要性的分析之后，人们一定可以认识到，热情是一种与一切创造性努力相关的重要能量。

这一分析还会使人相信，热情远比单纯的乐观精神、充满希望的空想或白日做梦重要。

思想传播的速度比闪电、电流或无线电波更快。
光以每秒186000英里的速度传播，而思想可以在难以
测量的一瞬间到达最遥远的星球。

　　对你所选择的任意数量的人进行横向分析，仔细研究他们的日常生活环境，你会发现，在生活中，那些培养出高度热情的人，较之那些鲜有热情或根本没有热情的人，能够享受更多的"休息"。

　　但这个奇怪的事实背后的秘密是什么呢？为什么热情能在其所及之处吸引有利的机会，消除阻力，并营造和谐的人际关系？我会努力给出答案。

　　每一位哲学家和每一位思想家都发现，热情赋予了言语更多的意义，并改变了行为的意义，有些人则发现，热情赋予了思想和口头语言更大的力量。

　　拉尔夫·沃尔多·爱默生说："我曾听一位经验丰富的律师说，他从不担心律师的表现会影响到陪审团的裁决，尤其是当律师自己都对委托人是否应该被裁决表示迟疑，那么他迟疑的表情会被陪审团捕捉到，他们也会产生迟疑，即使律师再表示反对也无济于事。"

　　莉莲·怀汀（Lilian Whiting）在说下面这段话的时候，理解了热情的精神和意义："任何人在拥有丰富的生命之前，都不会获得成功。这种生活是由精力、热情和愉悦的多重活动组成的。它是带着活着的兴奋去迎接一天的到来。它是在狂喜中去迎接早晨。它是在真正的精神共鸣中实现人类的一体性。"

　　威廉·劳埃德·加里森（William Lloyd Garrison）在说下面这段话的时候，他的脑子里想的正是热情："我知道很多人反感我语言中的严肃性（热情）；可严肃性难道是没有理由的吗？我会像真理一样严肃，像正义一样毫不妥协。在这个问题上，我不希望有节制（没有热情）地思考、说话或写作。不！不！告诉房子着火的男人淡定地发出警报（没有热情的警报）；不慌不忙地告诉他从掠夺者手中救出他的妻子；告诉一位母亲慢慢地将她身陷大火的孩子解救出来——但敦促我不要在像现在这样的情况下表现温和。我是认真的（充满热情的）。我不会含糊其词——我不会找借口——我的话会被听到的。

且看伟大的威廉·劳埃德·加里森说的那些话是如何用感情打动人的，尽管那些话是在几十年前说的。它们的力量的秘密在于说话者说出它们时的热情，因为正如卡内基先生令人难忘地指出的那样，无论它们是否被翻译成其他语言，无论它们被重印了多少次，表达话语的确切感情都会伴随着话语进入印刷的页面。

当菲利普·詹姆斯·贝利（Philip James Bailey）在说下面这段话的时候，他明白了热情的力量：

"我们活在行动中，而不是岁月中；

我们活在思想中，而不是呼吸中；

我们活在情感中，而不是钟面的数字中。

我们应该数着心跳来计算时间。

那些思考最多，感受最豁达，表现最佳的人，

才活得最充实。"

是的，的确如此，一个人在热情的鼓舞下"感受最豁达，表现最佳"，这有助于我们盘点生活中的各种情况，然后采取行动。

詹姆斯·亨利·利·亨特（James Henry Leigh Hunt）在说下面这段话的时候，他明白了热情的含义："有两个世界：一个是我们可以用线条和规则衡量的世界，另一个是我们用内心和想象力感受到的世界。"

约翰·哥特利布·费希特（Johann Gottlieb Fichte）在说下面这段话的时候，揭示了他对热情力量的深刻理解：

"我的哲学使生活——情感和欲望的系统——变得至高无上，而

仅仅将知识留在观察者的位置上。这个情感系统在我们头脑中是一个无可争辩的事实，我们对这个事实拥有直觉知识，这种知识不是从争论中推断出来的，也不是从我们选择接受或忽略的推理中产生的。只有这种面对面的知识才具有现实性。只有它才能使生命运动起来，因为它来源于生活。"

古罗马戏剧家泰伦斯（Terence）在说下面这段话的时候，认识了热情的力量："你很容易相信你热切希望得到的东西。"

詹姆斯·艾伯拉姆·加菲尔德（James Abram Garfield）在说下面这段话的时候，表达了他对于热情的理解："如果皱纹必须'出现'在我们的额头上，那就不要'出现'在我们心上。精神不应该老去。"他明白，内心是热情的居所，是情感的源泉。

古罗马历史学家普布里乌斯·克奈里乌斯·塔西佗（Publius Cornelius Tacitus）在说下面这段话的时候，说出了事实："逆境没有朋友。"但他很可能想表达的是，逆境会使友谊破裂，因为它通常会使情绪变坏，使热情受挫。

德国教育家弗里德里希·福禄贝尔（Friedrich Froebel）在说下面这段话的时候，表明了对热情力量的深刻理解："人们只是为了自己的身体、为了获得面包、住房和服装而辛勤劳作，这种错误的想法是有辱人格的，不应该受到鼓励。人类的活动的真正起源，是人们想在自身之外体现内心的神圣和礼节元素的无休止冲动。"

拉尔夫·沃尔多·爱默生说下面这段话的时候，表达了他的思想："热病、身体残疾、大失所望、丧尽财富、失去朋友，在当下发生时似乎是一种得不到补偿也无法补偿的损失。但岁月一定会揭示一切事实背后的深层补救力量。好友、妻子、兄弟或情人的亡故，似乎只是一种匮乏，但稍后就会以向导或天才的姿态示人。因为它通常会给我们的生活方式带来革命，终止等待结束的幼年或青年时代，打破惯常的职业、家庭或生活方式，并允许形成更有利于性格发展的全新职业、家庭或生活方式。它允许或限制结交新的朋友，允许或限制接受被证明对未来几年而言最重要的新的影响，原本将一直是阳光明媚的花园里的花朵的人们，由于墙壁倒塌和园丁的疏忽，根部没有生长空间，头顶却有充足的阳光，因此他成了森林中的榕树，给左邻右舍带来了树荫和果实。"

如果一个人认识不到积极情绪和消极情绪之间的密切关系以及将消极情绪转化为积极情绪的惊人可能性，他就不可能从这一章中充分受益。一旦理解了这种可能性，一个人就会清楚地认识到，根深蒂固的悲观主义者，通过改变自己的心态，可以变成一个根深蒂固的乐观主义者，有能力像表达悲观情绪一样表达热情。

卡内基先生经常提到一个人应该掌控自己的头脑。我们知道有些思想非常消极，不建议人们深陷其中，但我们会建议他们将这些消极思想转化为积极思想，然后再掌控头脑。拥有消极思想的人需要付出高昂的代价。卡内基先生在告诫人们要掌握自己的头脑时，就有意把这一点说清楚。当然，他提到了积极思想的潜在可能性。

玛丽·贝克·艾迪（Mary Baker Eddy）用不同的话语描述了同样的想法，她说："我们知道，一种说法被证明是好的，那它一定是正确的。现在，思想正在不断地获得发言权。这两种理论——一切皆是物质，或者一切皆是意识——将会争论不休，直到其中一种被认可为胜利者。在美国南北战争后期担任联邦军总司令的尤利西斯·S. 格兰特（Ulysses S. Grant）将军在谈到他的战役时说：'我建议在这条线上打到底，哪怕要打整整一个夏天。'赛恩斯（Science）说：'一切皆是意识和意识的想法。你必须在这条战线上奋战到底。物质不能给你任何帮助。和谐是由它的原则产生的，并由它控制的。原则是人的生命。因此，人的幸福不是由身体感觉支配的。真理不会被错误所玷污。人的和谐就像和谐的音乐一样美，人的不和谐就像不自然、不真实的音乐一样不自然、不真实。'"

　　如果我准确地理解了玛丽·贝克·艾迪的思想，她大体上是说，思想是好是坏，是消极还是积极，仅仅是由一个人通过自己的心态对思想的能力加以利用的方式决定的。

　　思想只有一种。但表达思想的方式有很多种，可以是消极的，也可以是积极的。在这个简单的前提下进行推理，可以很容易地发现，任何消极的情绪都可以转化为可能有益的积极表达。在这种可能性中，人们可以发现热情是影响最深远的应用方式。

　　带来悲痛的能量可以被转化并带来创造性行动的喜悦，这种喜悦与一个人明确的主要目标或某种次要目标有关。这就是自律对一个人的帮助。只有严于律己的思想才能把悲伤转变成欢乐。

　　将消极情绪转化为积极情绪的表现艺术，是通过养成旨在协调思想行动与身体行动的习惯获得的。在这方面，田径运动对于养成这样的习惯十分有利，因为众所周知，一名充满热情的运动员可以很容易地将自己的热情从田径运动转移到他选择的任何一种职业中。

　　网球提供了最好的媒介，通过打网球可以养成身心协调的习惯，因此，如果没有其他原因的话，打网球应该成为包括年轻人和老年人在内的所有人参与的全民运动。

　　让自己因担忧操心而耗尽心力是一种不良的习惯，有这种不良习惯的人会发现打网球是一种很好的媒介，通过打网球可以将他的担忧转化为充满热情的勇气。在网球场上尽情地打1个小时网球，心里就不会剩下多少忧愁。

　　运动还有另一个好处。它可以培养廉洁的体育精神以及保持热情的习惯。如果一个人想要获得最大限度的成功，他的生活就需要这两种品质。

　　凡是在人的头脑中能暂时创造出和谐的东西，往往也能培养热情。音乐家可以借助最喜欢的乐器迅速将他的担忧转化为充满热情的勇气。有一位著名的作家，每工作大约1小时，就会坐在钢琴前度过他的休息时光。很多时候，他除了按动音阶什么也不做，但他的手和头脑之间的协调让他得到了休息，使他恢复了精力。

卡内基先生恰当地指出，通过某种形式的积极行动来协调身心，是使头脑为热情做好准备的最可靠和最快捷的方式之一。

舞蹈则是另一种极好的运动形式，通过舞蹈，头脑和身体之间的协调为热情的发展铺平了道路。我曾听一位经验丰富的舞蹈老师说过，舞蹈这种运动已经被成功地应用于精神障碍的治疗。毫无疑问，舞蹈之所以可以带来这种好处，是因为舞蹈的节奏会消除头脑中的不良情绪和恐惧，从而让人暂时表现出热情。这一理论与卡内基先生的观点完全一致。

我长久以来一直训练自己在打字的时候思考。当我触摸按键的那一刻，我的头脑就开始充满热情地运转起来，我的想象力变得更加敏锐，想法开始源源不断地涌现。在很多情况下，在我开始用文字表达自己的思想之前，我都会试图想清楚一个主题，结果却发现自己的思想不够流畅。在某些情况下，我发现，在我的头脑"升温"、热情开始显现之前，有必要先写一些可能与他正在思考的主题无关的主题。在其他情况下，我发现有必要把手稿的前八页或十页撕掉重写，因为我在一开始的时候缺乏热情。

这种经历与公众演讲者的经历完全一致，公众演讲者发现，如果在演讲前五分钟或前十分钟没有"预热"自己的头脑，那么将很难出色地表达自己的想法。

运动员也有类似的经历。这就是为什么他们在开始比赛之前要经过"热身"过程。在头脑和身体之间没有足够的协调以产生热情之前，运动员无法发挥出最佳水平。这种情况是精神上的，而不是身体上的。因此，请记住，一个人在将消极思想转化为积极行动时，首先应该采取的步骤，是某种与自己的思想相协调的身体行动。

热情的作用

让我简要描述一下热情更重要的影响。热情是头脑的基本品质，卡内基先生已经概述了这一品质的主要破坏者。那么，热情又能起到什么样的作用呢?

（1）热情可以"增强"思想的脉动，从而使想象力更加敏锐。

（2）热情可以清除头脑中的负面情绪，从而为信念的发展铺平道路。

（3）热情散发着自信和真诚的光辉。

（4）热情可以赋予说话的语调悦耳的音色。

（5）热情有助于消除工作中的枯燥乏味。

（6）热情可以增强个性的吸引力。

（7）热情可以激发自信。

（8）热情有助于保持健康。

（9）伴随着适当的身体动作，热情可以成为将消极情绪转化为积极情绪的重要媒介。

（10）热情赋予一个人渴望必要的力量，以此促使头脑中的潜意识根据这些渴望迅速采取行动。一些心理学家认为，潜意识只作用于情绪化的想法，尽管这种情绪可能是消极的，也可能是积极的。

热情的其他属性

热情是将接单员转变成销售大师的主要因素。

热情通过建立演讲者和听众之间的和谐，使公共演讲不再枯燥。因此，对于任何一个职业上的成功取决于其说话方式的人，热情是他工作中不可或缺的一种品质。热情洋溢的演讲者可以随心所欲地掌控他的听众。

热情可以为话语增添光彩，而且我们有充足的理由相信，热情可以使说话者直接（通过潜意识）利用无限智慧的力量。毫无疑问，热情可以使一个人保持敏捷的记忆力。

但是，热情最最重要的两个功能是：热情是将消极情绪转化为积极情绪的主要因素，而且热情为信念的培养做好了思想准备！与这两个功能相比，热情的所有其他功能都是微不足道的。

正如卡内基先生所说，热情是动机的结果！一个人不可能无缘无故就变得热情起来。因此，热情是一个人实现明确的主要目标的重要因素。当然，在实现一个人的次要目标方面，热情同样是一种资产。

热情是思想的行动因素，当热情足够强大时，它就会驱使一个人采取与激发热情的大自然相适应的身体行动。因此，我认为，卡内基先生恰当地强调了热情和身体行动之间关系的重要性。

没有适当的身体行动，热情的培养就会像在露天引爆炸药一样，除了发出一声巨响之外什么也不会发生。在受到热情的鼓舞时，通过某种适当的身体行动迅速采取持续的行动，一个人就会养成热情的习惯。

开始培养这一习惯的一个绝妙方法就是在话语中注入热情。这是每个人都能触及的起点。这是一个不需要任何准备就可以开始培养的习惯。从你站立的地方开始，从现在开始，训练自己满怀热情地说话，不管你和谁说话，也不管你为了什么目的说话。这个习惯将帮助你克服胆怯，它将激发更大的自信，它将发挥主观能动性。不仅要训练自己满怀热情地说话，还要训练给自己的声音注入愉悦的语调。大声说话，却不对语调加以控制，可能会变成令人反感的噪声。学会将话语戏剧化，从而使它们准确地表达你想要表达的意思。对于成功者来说，没有什么比有效的演讲更重要。没有特色和热情的演讲是无法打动人的。

如果你有意在你说的每一个词中注入情感，你会惊讶地发现，你的演讲水平在短短一周之内就可以取得巨大的进步。吐字要清晰，每个词都要分开说，不要把词语连在一起说，不要把有些词说得让人几乎听不见。说话要清晰明了，说每个词的时候都要铿锵有力！大多数人的一个通病就是说话粗心大意。请记住，你说话的方式为别人提供了一个了解你的思维方式和性格本质的绝佳线索。

有一个方法可以帮你养成让你的思想与言辞相互协调的习惯。在一个月的时间里，你说话的方式就可以得到极大的改善，当你说话时，连你的熟人几乎都认不出你来。这个习惯将成为培养自律的更有益的媒介之一，因为显然没有什么形式的自律会比对自己话语的自律对成功更重要。大多数人说话太多，说话时太漫不经心，而对自己有利的话说得太少。在言辞上严于律己可以克服这个缺点。这样就可以起到双重作用，既消除了一种过失，又培养了一种美德，一箭双雕。

你可以在所有的谈话中坚持对自己言辞的自律，没人会察觉到这一点。首先就从和你的家人说话开始，继而拓展到你的朋友和熟人。永远不要将一个未经反复推敲和惊心修饰的词语说出口，并让这种习惯成为你日常生活的一部分。用词要精简，就像一个词要花掉你五美元一样。千万不要仅仅为了让别人听到自己的声音或者为了用自己的智慧打动别人而说话。说话只是为了传达你希望别人从你那里得到的思想，并且一定要在你希望听众领会的话语中融入恰当的感情。

对于许多人来说，上个段落中有足够多可以决定成败的合理建议。大多数人都急需这样的建议，这是我们所处的时代的悲剧之一。

如果"说话是廉价的"这一说法是真的，这可能是因为说话者本身就是一个小人物。在你开口说话之前，请记住这一点。在有利于自己的情况下，观察一下，成功人士说话时的用词是如何的精简。他们很少进行所谓的轻松的谈话。他们不会使用污言秽语，不会花时间闲聊，更不会诽谤他人。他们说话的时候，通常只会说一些值得倾听的话。

说话漫不经心而又滔滔不绝的人几乎别无长物！他通常不在成功者之列。对他来说，时间是需要打发的东西，除此之外什么也不是。别人谈话时，他会毫无缘由、不请自来地插话，而且经常会"垄断"谈话。就算他有热情，也会被浪费掉，因为他说的话不会对任何人产生有益的影响。

我之所以强调话语这个话题，是因为话语是表达热情的主要手段！我们不要用毫无目的的廉价言谈玷污这个表达热情的伟大出口。明确的目标对话语而言再适合不过了。没有目的的话语最好不要说出口！

在生活中，克服障碍，并取得适度的成功，是一件严肃的事。它需要一个人花费全部时间和精力。没有人可以把哪怕一分钟的时间浪费在闲谈或漫不经心的言谈上。

只有少数人成功地让自己的生活获得了回报，而绝大多数人终其一生都是失败者，这绝非偶然。分析一下人们使用时间的方式，你就会发现导致成功和失败的原因。成功的人做事有明确的目标，并本着热情的精神，投入自己所有的时间以实现这个目标。而失败者则把他们的时间花在吃饭、睡觉、尽可能少的工作以及漫无目的的谈话上。人与人之间能力的差异并不是他们成败的决定性因素，重要的是他们如何运用自己的能力。

在许多失败者身上都会发生的一种奇怪的情况是，如果他们再往前走一步，可能就会取得成功。我分析过的每一位成功人士都承认，如果他在被失败打倒的时候没有坚持下去，他就会失败无数次。被执着的热情所驱使的人，不会那么轻易就向一时的失败低头。他的求胜意志强过放弃的意愿。如果热情的作用仅仅是在一个人失败的时候支撑这个人，那么培养热情需要再多的时间也是合理的。

对于一个下定决心要实现远大人生目标的人来说，热情是不可或缺的品质。正是这种品质帮助他将失败转化为新的努力。

我曾采访过托马斯·爱迪生先生，这次采访揭示了这位伟大发明家所拥有的热情力量。这次采访也为智囊团原则在培养热情过程中的价值提供了一条意义重大的建议。让我们看看伟大的爱迪生就这个话题有什么要说的。

我开始了我的采访："爱迪生先生，您给这个世界带来了留声机、电影以及许多其他有用的机械装置，使白炽灯更耐用。我此次前来，是想请您告诉大家，您在完善这些便利设施的过程中，战胜沮丧和暂时失败的秘诀是什么？"

爱迪生先生没有作答。我因此涨红了脸，环顾四周，想看看有没有什么人能解释一下这位发明家的沉默。这时，爱迪生先生的秘书梅多克罗夫特（Meadowcroft）先生插话说："对不起，我没有告诉您，爱迪生先生是个聋人。您必须把您的问题写在纸上。"

在这之后，采访进行得很顺利。我把我的问题以文字形式重复了一遍，爱迪生开始说话了，他问道："我该从哪里说起呢？"

"如果您不介意的话，就从您的幼儿时期开始，"我回答说，"和我说说您在学校接受教育的情况。"

"哦，在学校接受教育的情况？好吧，我猜你知道，我上学才3个月，就被我的老师打发回家了，还让我带回来一张纸条，上面说我的智力不足以接受学校教育。我通过书本学习知识的阶段就此结束了。但我觉得，这次的转折是幸运的，因为它省去了我可能用来学习无用的抽象规则的时间，并迫使我开始在'艰难困苦大学'这所最伟大的教育机构里学习。"

爱迪生先生继续说，"你知道，一个人是在克服各种困难的过程中接受教育，而不是通过阅读各种困难得到教育。"

我请爱迪生先生讲一讲埃德温·C.巴恩斯（Edwin C. Barnes）是

如何从爱迪生先生办公室里的一名职员晋升为一位商业伙伴的。爱迪生先生开始讲述这个故事时，咧嘴笑了笑。

"也许埃德温·巴恩斯应该亲自告诉你这个故事，但我可以告诉你这个故事的一部分。有一天，我在工作中途抬起头，看见一个年轻人站在那里，手里拿着一个手提箱。梅多克罗夫特说，这个年轻人是乘坐货运列车来的，他看上去也像是坐货运列车来的。然后，埃德温·巴恩斯接过话茬，解释说，他大老远跑来是要为我工作，还说他愿意从任何工作开始干起。我给他安排了工作，但他想让我知道，他迟早会成为我的商业伙伴。"

"我把他从头到脚仔仔细细地打量了一番。这一定让他很难堪，因为他马上开口说：'你知道，爱迪生先生，我不必工作，如果我愿意，我可以饿死。'这番话让我对他青睐有加，因为这个小伙子的眼睛里闪烁着热情的火焰，这火焰说明他是一个不达目的誓不罢休的人。我给了他一份擦洗地板的工作，但这是我唯一有机会给他的东西，因为在那之后，我就一直从他那里取得收获，直到他最终成为我的商业伙伴，推广安装爱迪生口授机。当你和埃德温·巴恩斯谈话的时候，问问他关于西装的事。他有31套西装，你知道，一个月里每天换一套。他说他需要它们来激发热情。"

那些认为工作难找，并抱怨没有足够的"门路"获得更好职位的人，最好记住爱迪生先生唯一的商业伙伴是如何找到机会的。显然，仅仅把困难视为一块垫脚石是不可能获得机会的，显然，机会也不是通过做尽可能少的工作获得的。

爱迪生先生说："我给了他一份擦洗地板的工作，但这是我唯一有机会给他的东西。"在这句话中蕴含着一个想法，这个想法对所有可以提供个人服务的人都极具价值。

我将埃德温·巴恩斯的故事放到一边，问爱迪生先生是否认为自己的耳聋是一个很大的障碍。爱迪生以极快的速度回答道："不！这不是什么障碍，这是一种祝福，我可以说这是一种巨大的祝福，这让我可以不听那些无话可说却要花大把时间说话的人喋喋不休地说废话。丧失听力迫使我养成了用内心倾听的习惯，我在内心深处找到了一种接近知识来源的方法，我的大部分发明都来源于此。"

我问道："因为你不小心把行李车点着了，一位见状异常愤怒的列车员打了你一个耳光，所以你失去了听力。这是真的吗？"

> **我们必须学会热爱自身以外的某种东西，某种更伟大和更强大的东西。**
>
> ——查尔斯·瓦格纳（Charles Wagner）

"是的，"爱迪生先生答道，"事情就是这样发生的。几年后，我见到了那位列车员，并对他的所作所为表示了感谢。"

之后的采访话题又回到了留声机的发明上。"听说您花了几年的时间来完善第一台留声机。爱迪生先生，您能否说明一下，这是否属实？"

"不，"爱迪生先生回答道，"在我第一次尝试时，我就成功地使一张卷在圆筒上的唱片记录下了'玛丽有只小羊羔'这句话。"

"您能不能说说是什么给了你发明留声机的想法？难道您不觉得您是在浪费时间吗？"

"来自我内心的某种东西（灵感），就像直觉一样，一直在告诉我，只要不断尝试，我会找到我想寻找的东西。看起来很奇怪的是，我发现这个秘密的地方与我最初开始寻找它的地方近在咫尺，我借助同样粗糙的仪器开始了我的实验。在这台机器记录和重现第一个声音后的数年时间里，它一直被当作一种模型，所有商业留声机都以它为原型。"

我问道："爱迪生先生，我是否可以这样理解您的话：您认为，在人们通过经验获得的知识以及书本记载的知识之外，还存在另一个知识的来源？"

"如果没有这样的知识来源，"爱迪生先生回答说，"第一台留声机永远不会得到完善，因为你必须记住，它是第一台留声机。我没有先例可循。没有人留下任何关于这方面的信息来指导我。实际上，我是从人们普遍不知道的知识来源中了解到记录和再现声音振动的秘密的。"

"您能不能说明一下，您认为这个隐藏的知识来源是什么？"我问道，"所有想要使用这种知识来源的人都能够使用它吗？"

"对此我有一个理论。也许它不仅仅是一个理论，因为我已经测试过这个理论很多次了，但是我怀疑自己对它的描述能否让你接受。该理论认为，所有的知识都以能量的形式存在，是被称为以太的能量的一部分，只有那些拥有毅力和信念的人通过坚持不懈的专注投射他们有意识的思想，直到这些思想与记录所有知识的更高的振动源头联系在一起，才能触及这种更高的脉动来源。"

"你肯定知道，"爱迪生先生继续说，"埃尔默·盖茨（Elmer Gates）博士发现，他可以坐在一个黑暗的房间里，全神贯注于一项尚未完成的发明的已知因素，直到他驱使这项发明的未知因素以思想的形式呈现出来。他并非总能成功，但他经常成功，这足以让他依靠坐着发明东西为一些知名公司出谋划策而谋生。此外，他还通过坐着思考以了解那些未知的因素，完成了一百多项由其他发明家开始发明却未能完全成功的发明。"

对于一位年轻作家来说，爱迪生先生的话语变得相当深奥，但后来对埃尔默·盖茨博士进行的采访证明了爱迪生先生说的是事实。爱迪生先生说，他在改进白炽灯的时候，通过将两个古老而众所周知的原理结合起来，并以一种前人从未尝试过的方式对两者加以协调，找到了解决问题的办法，在他结束一天寻找解决方案的辛苦工作，打了几分钟瞌睡之后，这个想法以"预感"的形式出现在了他的脑海中。

正如爱迪生先生所说，虽然这是两个古老的原理，但它们结合在一起之后形成的组合却是新的。爱迪生先生想到的这个新的组合来自他所描述的那个巨大的隐秘知识来源，当通过人类的经验和他自己的实验获得的有组织的知识不能解答他的问题时，他总是会求助于这个来源。这让人怀疑爱迪生先生是否并未非常接近于揭示人类在文明进程中迈出下一大步所需要的知识。这同样让人怀疑，在他所谓的知识的"隐秘来源"中，他是否并未发现对于那些有兴趣帮助人们更明智地运用头脑的教育者来说具有重大价值的东西。

请记住，这次采访的对象是一位伟大的发明家，而不是小讲台上一个长发飘飘、心怀旨在帮助他人的想法的宣扬者。我很想知道，连数学、化学和物理学的基本知识都未曾掌握的爱迪生先生是如何成为一位伟大的科学家的。

"您连小学都没有上过，又是如何取得成功的呢?"我问爱迪生先生。爱迪生先生的回答很有启发性。这位发明家双目炯炯有神，回答说："我可以雇用受过技术训练的人。你知道，他们接受了大量的初级训练，但是我很少需要求助他们。我的大部分发明都是通过运用粗浅实用的常识，外加坚持不懈的努力以及对我想要实现的目标的明确认识完成的。大多数人不知道自己想要什么。无论他们接受了多少学校教育，这种教育对他们都没有任何好处。留声机得以改进完善的最大因素，就是我明确知道自己想要的是什么。在我付出些许努力打算创造留声机之前，我就在脑海中看到了那台机器的样子。更重要的是，我下定决心要制造出一台机器记录并再现玛丽有只小羊羔的这句话，哪怕这要花去我余生的时间。我从来没有怀疑过自己会改进、完善一台能做到这一点的机器，这种目标的明确性也促成了确定无疑的计划和坚持不懈的努力，它们是任何事业得以成功的两个基本要素。如果你能将这一思想传达给那些试图寻找成功的人，你带给他们的帮助将会比他们在绝大多数学校里获得的帮助更大。"

关于托马斯·爱迪生、亨利·福特、哈维·塞缪尔·费尔斯通（Harvey Samuel Firestone）和约翰·巴勒斯（John Burroughs）之间此前的关系，公众听说过许多不同的版本。我请爱迪生先生描述了是什么样的影响这么多年来将这四个人紧紧联系在一起。

"把福特先生、费尔斯通先生、巴勒斯先生和您自己联系在一起的仅仅是友谊吗?"我问道。

"不仅仅是友谊，"他回答道，"是一种比单纯的友谊更深刻的东西。我们发现，我们的联系为我们提供了一个思想刺激的源泉，它对我们每个人都有帮助。你知道，约翰·巴勒斯是个引人深思的人。我想，我们都从他那足智多谋的头脑中获得了有用的想法。"

"只要两个或两个以上的人本着和谐的精神协调他们的头脑，"爱迪生先生继续说道，"那么每个人都可以体验到一种刺激头脑的力量，它能使一个人的想法高于普通人平凡无奇的想法。这一事实是创造智囊团这个词的原因，因为一个众所周知的事实是，每当一群人坐下，开始认真和谐地讨论任何话题，就会从讨论中产生一些此前不为群体中的任何一员所知的有关该话题的想法、计划和知识。"

爱迪生先生描述的是智囊团原则，通过这一原则，人们无须通过自己的亲身经历就可以利用他人的知识。爱迪生先生解释说，作为发明家，他在工作中自由地运用了这一原则，并表示，正是通过运用这一原则，他跨过因缺乏小学教育造成的深渊。卡内基先生认为，相比所有其他个人成功原则，智囊团原则是他得以积累起巨大财富的最主要原因，埃尔默·盖茨博士也承认，他正是通过这个原则改进、完善了数百项发明。

爱迪生先生强调，只有依靠和谐的精神协调的头脑，才能从这一原则中充分受益。这一提醒意义重大。正是爱迪生先生对智囊团原则的描述启发我将关注的焦点义无反顾地转移到这一原则上来，我才发现，每一个在事业上取得杰出成就的人都自觉或不自觉地运用了这一原则。

自从我第一次采访伟大的爱迪生先生以来，大萧条改变了全世界人民的习惯和命运，但17项成功原则（其中一些原则是爱迪生先生运用过的）依旧没有改变，现在对那些理解和运用这些原则的人来说是有利的时代。

大萧条让数百万人失去了工作。自大萧条开始以来，他们中的许多人可能已经尝试过几次，但都以失败告终。如果这些人能够记住，这位新泽西州奥兰治的伟大发明家在完善白炽电灯之前，曾经尝试过一万次，但都失败了，那对他们所有人来说将是有帮助的。

一些在大萧条期间失去工作的人可能会因为记住埃德温·巴恩斯的精神而受益，埃德温·巴恩斯一心想要成为爱迪生先生的商业伙伴，因此他乘坐货运火车来到新泽西州奥兰治，并愿意从地板清洁工开始干起。就像三十多年前年轻的埃德温·巴恩斯获得回报一样，一个人如果知道自己想要的是什么，并愿意坚持自己的计划，直到最终实现自己的计划，他就会获得回报。

爱迪生先生带给世人许多伟大的经验教训，其中很重要的一条就是，成功属于那些拒绝接受任何成功以外的东西的人。爱迪生先生在失败一万次后，丝毫没有气馁。普通人在失败的迹象刚出现时就会放弃，更何况是在失败一万次之后，这就解释了为什么普通人这么多，而爱迪生先生却只有一个。

爱迪生先生的计划经常失败，就像其他人的计划也会失败一样。当一个计划失败后，他会怀着决心和热情代之以另一个计划，继续朝着他的目标前进，但他的目标没有改变。在他尝试了9999个方案，而且所有这些方案都以失败告终之后，他并没有说："哦，好吧，有什么用呢？我要改变主意，转而制造一台削土豆的机器。"他只管放开手脚，继续向前，选择了第一万个计划。瞧！这正是一个奏效的方案。爱迪生先生的坚持不懈，以及他相信在宇宙中的某个地方可以找到所有问题的答案这一信念，将一个有关明确想法的模式投射到了太空之中，而这个想法已经与其物质对应物建立了联系。这究竟是通过什么奇特的力量发生的，没有人能够解释，甚至连伟大的爱迪生先生都无法解释。

爱迪生先生相信，生活是可以被掌控和驾驭的。他证明了没有人可以被击败，除非这个人在自己的头脑中接受了失败的事实。他的搭档埃德温·巴恩斯证明，没有人注定失业，即便是一个没有门路和买不起火车票的穷小子。此外，他还证明，没有人需要接受一份卑微的工作，而且干这份工作的时间也无须比找到一份更好的工作所需的时间更长。他选择把成为伟大的爱迪生的商业伙伴作为自己人生的主要目标，并使他的选择成了辉煌的现实。机遇、有利的休息与他的好运气没有任何关系。这是他自己创造的，在他自己的头脑里创造的，在他自己的头脑里实施的。不是每个人都能成为世界上伟大人物的商业伙伴，但每个人都可以而且应该志存高远，确定某个明确的目标，然后满怀热情地全心全意投入这一目标，直到所有的障碍都消失不见，或者直到障碍可以转化为垫脚石，让一个人踩着它们更加接近自己的目标。

爱迪生先生已经离开了这个世界，但那些让他从芸芸众生中脱颖而出、成为世界上伟大的发明家的简单原则，今天依然存在，就像他发现这些原则并将他们运用到工作中的时候一样，其中最伟大的原则是对目标充满热情的专一外加对这个目标的专注，直到这个目标完全取得物质或经济等价物。

所有的成功都始于一次思想的冲动，一个想法。爱迪生先生通过简单地将实现自己想法的炽热渴望（热情）作为这些想法的后盾，使他的想法越过了思想冲动的阶段。他痴迷于发明，这也许是所有职业中最困难的，通常也是最无利可图的。但爱迪生先生靠着他的工作积累了一笔可观的财富，从而证明了在热情的支持下，明确的目标可以在任何人想要创造机会的时候创造出机会。

如何养成热情的习惯？

热情作为本章使用的术语，描述了一种运作方式，通过这种运作方式，内心的情感和头脑的推理能力可以按一个人所渴望的任何比例结合在一起。

人们可以采取特定的步骤来培养热情的习惯，即：

（1）确定一个明确的主要目标。

（2）用实现该目标的执着渴望（热情洋溢的动机）来支持这一目标。

（3）制订一个明确的计划或若干个计划，并立即开始执行这些计划，同时要记住卡内基先生强调的身心和谐的重要性。

（4）通过将目标和计划清楚地写出来并每天多次重复你所写的内容，将它们转移到你的潜意识中。

（5）基于你能培养的所有热情，将目标和计划坚持不懈地贯彻下去。同时要记住：持续地实施一个不牢靠的计划胜过断断续续或者毫无热情地实施一个强有力的计划。

（6）远离"快乐杀手"和坚定的悲观主义者。他们的影响是致命的。取而代之的应该是乐观的伙伴，最重要的是，除了那些完全赞同你的人之外，不要向任何人提及你的计划。

（7）如果你实现明确的主要目标时需要他人帮助，那么你就要与他人结盟。

（8）遭遇失败时，要仔细研究你的计划，如果有需要，就改变你的计划，但不要改变你的目标。

（9）每天都要花些时间，哪怕是很少的时间，来执行你的计划。请记住，你是在培养热情的习惯，而习惯需要身体力行。

（10）自我暗示对于任何习惯的养成而言都是一个强有力的因素。因此，你要相信你会实现明确的主要目标，无论你的目标离你有多远。你自己的心态将决定你的潜意识为了实现你的目标所采取的行动的性质。任何时候都要保持积极的心态，同时要记住，热情只有在积极的心态中才能蓬勃发展。它不会与恐惧、羡慕、贪婪、嫉妒、报复、仇恨、偏狭和拖延混为一谈。热情在行动中蓬勃发展！

从现在开始，就要靠你自己了！没人能够帮你。我可以告诉你必须做什么才能享有热情的力量，但我不能帮你这么做。除了你自己和你智囊团盟友（如果你有的话），没人能够帮你。

请记住卡内基先生说过的话，热情是会传染的，但也要记住，悲观情绪同样是会传染的。你要将表现出热情的人培养成自己的私人伙伴，并确保在你的智囊团中至少有一个这样的人。

每个人都生活在两个世界！一个是他的心态构成的世界，这个世界在很大程度上受到此人的物质环境和私人伙伴的影响，另一个是他必须在其中为生存而奋斗的物质世界。物质世界的环境在很大程度上取决于一个人与自己的精神世界建立联系的方式。这是他可以控制的。而物质世界是他无法掌控的，除非他能吸引到与他的心态相协调的那部分物质世界。

热情在一个人的精神世界中是一股巨大的发酵力量。

它赋予一个人实现目标的力量。它有助于一个人内心的和谐，它有助于消除思想中的负面影响。它唤醒想象力，激发一个人按照自己的需要去塑造物质世界的环境！

一个没有热情或明确的主要目标的人，就像一个没有蒸汽动力、没有轨道、没有目的地的火车头。

热情是思想中产生行动的因素！

如果缺乏热情，热情的位置通常就会被拖延的习惯所取代。

在每100个人中，就有98个人不知道自己最想要的是什么，如果你是这98个人中的一个，那就要确定自己想要的是什么。明确自己的决定。

再多的热情也取代不了明确的主要目标！如果你不清楚自己的生活目标究竟是什么，那么可以肯定的是，在那些有明确目标的人通过选择取得自己想要的东西之后，除了生活剩下的东西以外，你将一无所获。剩余的东西是不可取的。

如果你知道自己想要的是什么，现在就去追求！把你拥有的一切都投入到你的努力中去。让你的渴望变成执着，这样它就会驱动你，而不是你驱动它。

社会已经为人们提供了很多：大量机会，大量物质财富，对能够提供有用服务的人的大量需求。如果你无法适应自己现有的处境，你可以改变。经验一再证明，一个人几乎可以做到任何他真正想做的事情。

多次大萧条开始又结束。战争开始又结束。而人，无论是成功的人还是失败的人，来到这个世界，又离开这个世界。你的机遇就在某个地方。找到它，拥抱它，并充分利用它，永远不要在乎那些悲观主义者和不成器的人说的话，因为自己的失败，就试图说服其他人相信消极的想法。

那些真诚寻求机会的人找到了机会。然而，他们并不是通过静观其变找到机会的。他们是通过在自己所处的位置上有所作为，通过本着对自己未来的不可动摇的信念，主动采取行动而找到机会的。

对于那些愿意听信失败主义者和职业鼓吹者的话而看不起自己的

人来说没有机会可言。最好的机会总是留给那些对未来表现出极大信心的人。这样的情况此后还会继续下去。

谁要是听从一个小讲台上的煽动者的建议，受其影响而放弃自己的机遇，就注定会失败。这个世界不会奖励没有信念的人，这个世界奖励的是那些对无限智慧抱有信心、对同胞抱有信心、对自己抱有信心的人。热情会激发一个人自信心。通过良好的生活方式提供的机遇，任何人都能取得持续不断的个人成就，这使人对自己的未来充满信心。

我提醒大家注意失败主义精神，这种精神在商业萧条开始后，特别是在第二次世界大战开始后，在美国开始蔓延，它使人很难产生热情。

热情的习惯为持久的信念铺平了道路，因此，在不信任的种子在全国各地肆意播撒的当下，信念这个原则应该得到认真研究和积极的应用。

不要仅仅满足于阅读本章的内容，而是要运用本章的内容，首先从自己开始，继而指导他人用信心取代失败主义。正如卡内基先生所言，一个人只有在开始教授别人某样东西之后，才能对其加以充分领会和认识。卡内基先生还强调了通过适当的身体行动来协调身心的重要性，这是培养热情习惯的一个实用手段。

个人成功哲学为我们提供了深入理解如何成功的途径。当前让各行各业的人困惑和尴尬的大部分问题都可以在个人成功哲学中找到答案。这一点已经被个人成功哲学在过去的惊人纪录所证明，甚至在个人成功哲学以目前的形式得到充分检验并为人们做好充分准备之前就已经得到了证明。

> **世界历史上每一个伟大的决定性时刻，**
> **都是热情的胜利。**

个人成功哲学正迅速成为几乎各行各业的人们建立人际关系的标准指南。它已经被应用于杰出的人寿保险公司的销售机构，它正在为银行、零售商店和工业工厂的雇主和雇员提供全天候服务，所有这些人都在这门哲学中找到了一个共同的聚会场所，他们可以在这个场所协商洽谈，确保这门哲学将使所有服务对象无差别地从中受益。

通用汽车公司总裁小艾尔弗雷德·P. 斯隆（Alfred P. Sloan, Jr.）在他的《一名白领的冒险经历》（*Adventures of a White-Collar Man*）一书的最后几页中，对个人成功哲学在通用汽车公司这个工业帝国的成功中所发挥的作用做了引人注目的说明。

他用自己的话对通用汽车公司的运营理念做了如下描述：

"管理：智力、经验和想象力的共同努力（智囊团原则）。

"事实：不断寻找真相（有条理的思想）。

"开放的思想：基于不带偏见的分析而制定的政策（思想开明、宽容）。

"勇气：拥有勇于冒险的意愿，承认领导力需要付出代价（有条理的个人努力、践行信念）。

"公平：尊重他人的权利（应用黄金法则）。

"信心：一个人坚持某种信念所具有的勇气（践行信念、自律）。

"忠诚：愿意为事业做出任何牺牲（多走1公里——付出大过回报）。

"进步：总会有更好的方法（创新致胜思维）。

"工作：使所有这些成分成为激发活力的催化剂（加速器），以便它们能够各司其职，促进共同的事业（有条理的个人努力）。"

括号里的话是我说的，它们实际上就是斯隆先生所赞扬的成功原则，不管他是否知道这些原则。由此，我们发现，斯隆先生曾经提到了个人成功哲学中的几项原则，并把这些原则视为通用汽车公司经营理念的基础。

"这些就是在我成为通用汽车公司总裁时制定的基本原则，我将它们作为指导该公司的纲领。"斯隆先生说。

"多年以来，"他继续说，"它们一直都是我的指南。很多时候，我备受压力、深感怀疑，但它们从未失效过。我相信，无论任何个人或组织需要面对什么样的问题或困难，这些原则都不会让他们失望。

"我和比尔·克努森（Bill Knudsen）坐在纽约世界博览会通用汽车公司馆的记者俱乐部里。该馆刚刚举行了揭幕庆祝活动。1000名贵宾参观了展览，并搭车在未来世界里穿行。我们已经吃过晚餐。该馆播放的一段录像将美国工业的最新成就——新方法、新工艺和新产品——搬上了银幕。参加展览的企业代表，还有许多其他企业，都为一个以进步的为主题的研讨会做出了贡献。这是惊人的成就，特别是在经济长期萧条的情况下，每个人都为所见所闻感到振奋。

"我意识到，在许多方面，这是我们进化过程中的一个新顶点。展会展出了我们公司所有配备最新技术的产品，以及一系列致力于改善生活的设备，它们将使更广泛的接触和享受成为可能。"

"你知道，克努森，"我对克努森先生说，"所有这些产品都真实地展示了美国的自由企业计划，以及为了生产出更多更好且更具价值的商品和服务，人们在不断地进行研究。它们是当今美国工业的象征——工业发展进程正不断地将奢侈品变成为更多人服务的日常便利设施。"

克努森先生说："在这个国家，我们永远不能忘记的是，为人们提供更多就业机会的唯一方法，就是把商品和服务做得更好。高品质的产品、优厚的薪水、低廉的物价、更优良的工具、公平的交易。而且，每个人都卖力地工作。"他补充道。

"想想看，克努森，"我说，"这一切的奇妙之处在于，我们才初见成效。只要我们通过坚持不懈的努力和进取，延续很久以前开始的模式，我们拥有的机会将是任何人都无法想象的。

"就拿'未来世界'来说吧——这个概念描绘了1960年的世界可能的样子。但谁知道1960年的世界到底会是什么样子呢？只要我们保持我们的愿景，对推动进步的基本原则抱有信心，将来的现实世界就会超越我们今天所能想象的任何东西。

"为城市带来新的惬意，为乡村带来新的生活，给家庭带来便利，生活品质得到改善——新的高速公路，新的通信手段，医疗、教育和文化领域的进步——人类的头脑根本无法理解我们所能触及的一切事物。"

个人成功哲学比我们所能想象的任何东西都更能消除失败主义的邪恶精神。

训练有素的技术人员和科学家们正在通用电气公司、通用汽车公司、福特汽车公司和美国钢铁公司等企业的研究实验室里不停地工作，这些实验室每年花费巨额资金以寻找新的、更好的工作方法。这些希望发现有价值的信息的人不是在漫无目的地工作，而是在寻找关于特定课题的确切信息。在这里，你会发现个人成功哲学在以其最高级和最值得赞扬的形式运作。

现有的生活方式为那些将这些成功原则作为日常生活组成部分的人提供了大量的机会，斯隆先生说得很好，"只要我们通过坚持不懈的努力和进取，延续很久以前开始的模式，我们拥有的机会将是任何人都无法想象的。"

他很有可能补充了一句："我们的先辈怀着热情和信念开创了一种模式，如果我们怀着相同的热情和信念，延续这一很久以前开始的模式，那么我们拥有的机会将是任何人都无法想象的。"

斯隆先生的这一感慨让我想起了卡内基先生在帮助我整理这门哲学时说过的一句话，即：

"永远不要担心缺少机会。如果你一定要担心，那就担心缺乏雄心壮志、缺乏热情、缺乏创造致胜思维，这些都是拥抱机会所必须具备的品质。"

只有想**不到**，没有做不到。

当卡内基先生发表这番言论时，我们还没有收音机，没有经过改善的公路系统，没有汽车工业，没有美国联邦储备委员会，没有最穷困的家庭买得起的冰箱，工资也只是今天的一小部分。因此，鉴于美国在短短30多年中所发生的情况（这些情况不仅仅证实了卡内耐基先生对美国的未来所做的预言），我们有充分的理由展望未来并做出这样的预言：未来30年的成就将使过去30年的成就与之相比显得微不足道。

掌握和运用个人成功哲学的男男女女将享受到这些未来成就的成果。同样，这些成果也将属于那些有远见卓识和雄心壮志运用这门哲学的人。过去是这样，将来也会如此。机会属于那些本着热情的精神，以信念为后盾，主动出击的人。除了失败主义的精神之外，没有什么可以改变这一点。个人的热情、明确的目标、自立、个人主观能动性以及个人的抱负可以消除这种失败主义精神。

未来有理由让任何人产生热情。这就是为什么有远见的人，比如小艾尔弗雷德·P. 斯隆、亨利·福特，还有欧文·D. 扬（Owen D. Young），还有伟大的人寿保险公司的负责人们，以及像埃迪·里肯巴克这样的飞机制造商们，对失败主义哲学不屑一顾，勇往直前，实施那些表明他们对未来抱有信心的计划。

这也是为什么各大工业公司的研究实验室会夜以继日地运转，为促进未来发展的方式和手段做准备，并帮助人民充分创造美好的未来。

通用电气研究实验室研究主任威廉·D. 柯立芝（William D. Coolidge）曾经用下面的话简要地描述了一位杰出科学家眼中的未来：

"前些天，一名记者告诉我，谁要是能找到一种更快的方法来制作报纸印版，谁就能得到100万美元的奖励。我可以告诉你如何操作：找到这样一种射线，当这种射线通过照相底片投射到印版上时，就会很快地在印版蚀刻出痕迹。但我无法告诉你使用何种射线，也无法告诉你使用何种印版。

"发明一种简单廉价的方法制作优质彩色照片纸质印刷品的人也应该得到100万美元的奖励。

"'不可能'这个词对于科学家来说，就像用来驱马快跑的马刺。多年来，玻璃和金属之间的完美结合就是'不可能'之一，因为在低温或高温的作用下，玻璃和金属收缩和膨胀的速度不同，它们因此被分开使用。但在不久前，我们实验室的阿尔伯特·华莱士·赫耳（Albert Wallace Hull）博士，拿着紧紧固定在一个金属圆筒上的一个大玻璃圆筒走进了我的办公室。他找到了一种金属的组合，这一金属组合的收缩速度与他研制出的一种特殊玻璃的收缩速度完全相同。既然玻璃和金属可以被结合在一起，我们就可以制造出许多更加物美价廉的东西。

"最近，一位顾客退回了一台电动机，原因是'这台电动机是用裸线绕的'。我们无法让他相信裸线是安全绝缘的。我们也不能责怪他对此持怀疑态度。30年来，绝缘电线几乎没有任何创新，我们不得不使用占空间又笨重的棉花、纸、漆和磁漆这些很容易开裂的材料。直到最近，我们才知道一种由煤和石灰制成的绝缘物质，我们可以把它涂在电线上，使它看上去就像是电线的一部分。涂有这种物质的电线可以被撞击或扭曲成千上万次，但涂层依然完好无损。这种神奇的涂层已经在工业界得到了普遍使用。

"1916年的美国只有19个工业研究实验室。如今，在近2000个实验室中，一大批拥有聪明才智的人正在为我们的国防事业辛勤付出，提高飞机发动机的增压能力，研制性能强悍的探照灯，一盏这样的探照灯发出的光束，就可以让人看清距离探照灯12英里外的飞机上的报纸。其他项目都是机密，不能提及……

"或许有一天，你会买到装在镀银罐头里的食物。我认识的一位科学家已经生产了一些这样的食物。我们有很多银，可以用来代替罐头中的锡，如果我们的锡供应被切断，银将成为影响国防的一个十分重要的因素。

"现在缺少的是训练有素的有机化学家和冶金学家，而这两个领域却拥有无限的机会。化学家、机械工程师和电气工程师都大有可为。物理学家也是如此。铀235是一种'神奇的金属'，当人们知道如何将一磅铀235从自然界中铀的同位元素中分离出来时，这一磅铀就能释放出相当于几百万磅煤的能量。

"新的荧光灯需要更好的材料；电视需要更加灵敏的摄像管；航空业需要更加可靠的方式来实现盲降。还有一个古老的梦想就是利用阳光。我们已经利用阳光来产生蒸汽和小幅电流，但或许有一天，某种对阳光极其敏感的奇妙新材料，将会完全开启这扇神奇的大门。

"这个清单是无穷无尽的。没有什么东西是近乎完美的。工业和研究都急需优秀的人才，而名与利就藏在每一支试管里，藏在每一台显微镜下。"

当然，威廉·D. 柯立芝说的是在物质事物世界中取得成就的可能性。这是他的世界，正如他所言，对于那些专门从事这个领域的人来说，这个世界充满了机遇。

但是，还有另外一个领域所提供的机遇比物质世界中存在的任何机遇都更加优越。该领域涉及展露头脑运作的可能性、对头脑的开发、思想的运转及其力量。这是一个完全属于它自己的世界，一个几乎未被科学触及的世界。

有人，也许是很多人，会从这门哲学的终点开始，研究头脑的运作！也许这个研究领域会揭示某种方法，这种方法可以随意消除不合理的恐惧和自我强加的思想限制。

潜意识思维是一个未经探索的巨大宇宙，蕴藏着可以利用的力量，需要我们进一步认识。如果潜意识像某些人认为的那样，是连接意识思维和无限智慧的唯一环节，那么就应该找到某种方法，使所有人都能通过这种方法自由地使用潜意识思维，而不是局限于少数对思维现象进行研究的人。也许这是思维现象的一个分支，通过这个分支，可以发现一种研究思想力量的更好的方法。

我们应该通过有条理的研究，对接收所谓直觉和灵感的"第六感"进行详尽的研究。这是一个超乎人们想象的领域。它可以成为一种媒介，通过这种媒介，个人的思维可以随意地与宇宙中所有现存的以及自古以来就存在的知识和事实建立联系。这项研究应该从研究能够刺激潜意识思维采取行动的媒介开始，因为就算"第六感"不是这种能力明确的组成部分，也显然与潜意识密切相关。

潜意识的位置在哪里？如何才能随心所欲地刺激潜意识采取行动？怎样做才能为潜意识和"第六感"的运作扫清障碍？这些都是需要回答或将会得到回答的问题。这些问题将引导我们享受生活中的精神利益和物质利益。

让我担忧的不仅仅是教条或者信条。让我担忧的是人类在对物质的疯狂争夺中失去的东西。我憧憬的未来世界是由践行博爱精神而非仅仅空谈这种精神的人组成的——在这样的世界，贪婪和自私将成为庸俗的标签；在这样的世界，人们将和平共处，每个人都知道人人有份，没有人需要做损人利己的事。这样的世界也许不是所谓的乌托邦，但在这样的世界，人与人之间的基本礼节将因为选择和习惯而成为日常秩序。

吃饭，睡觉，或挣
100美元要花去很多
时间，而开始把成为
我们生命之光的一种
希望和见解转变成
行动所需的时间却
很少。

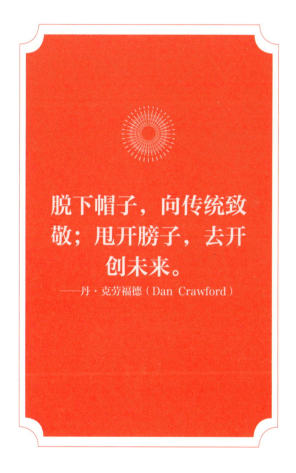

脱下帽子，向传统致敬；甩开膀子，去开创未来。

——丹·克劳福德（Dan Crawford）

一个人没有热情，还有何用？

第三章

有条理的
个人努力

访谈摘录三：
有条理的个人努力原则

在这一章，我将开始分析成功领导者应该具备的一种品质。这种品质很重要，每个人都应该具备这种品质。

这种品质就是个人主观能动性，它对个人取得成功的重要性不亚于明确主要目标这一品质。

毫无疑问，每个拥有雄心壮志的人都不愿意放弃发挥个人主观能动性的机会，因为显而易见，没有这一品质就无法取得显著的成就。

本章介绍了有条理的个人努力这一主题，我在本章中指出了一些方法，每个人都可以借助这些方法有目的且有益地运用自己的权利并承担自己的责任以发挥个人主观能动性。如果一个人放弃培养这一品质，那这种品质对其毫无意义，除非制订一个明确的培养这一品质的计划并将该计划付诸行动。

在本小节中，卡内基先生介绍了利用个人主观能动性以实现明确的主要目标的方法。

希尔：

卡内基先生，您曾经说过，有条理的个人努力是个人成功原则中最重要的原则之一。您能分析一下该原则与个人成功的关系吗？

卡内基:

　　好的，首先，我要说的是，在这方面，个人的主观能动性可以比作锅炉里的蒸汽：它是一种力量，一个人正是通过这种力量将自己的计划、目标和目的付诸行动！它处于拖延症的对立面，而拖延症是人类最糟糕的特征之一。

　　成功人士总被称为实干家！不发挥个人主观能动性，就不会产生行动。行动有两种形式，即①一个人因某种需要被迫采取行动。②一个人根据自己的意愿，主动选择采取的行动。领导力源自后者。领导力是一个人根据自己的动机和渴望而采取行动所形成的。

希尔:

　　您认为发挥个人主观能动性是人们享有的非常伟大的权利之一吗？

卡内基:

　　是的，的确如此。这项权利非常重要，就连美国宪法都明确保障个人权利。因为行使个人主观能动性的权利非常重要，所以每一家管理有方的企业都应该适当奖励那些利用自己的主观能动性为企业发展做出贡献的个人。

　　只要发挥个人主观能动性，即使是最基层的工人也可以成为一家企业不可缺少的因素。只要发挥个人主观能动性，即使是临时工也可以成为他所供职的企业的主人。

希尔:

　　根据您所说的，我的理解是，您认为主动发挥个人主观能动性是所有个人取得成功的重要基石。

卡内基：

我从来没有听说过有谁可以不主动发挥个人主观能动性就取得杰出的成就。每个人都可以发挥个人主观能动性提供服务并获得回报。没有人被迫做任何违背自己意愿的事情。实际上，每个人都应该通过自己的努力，提升个人能力并到达理想位置。那些努力的人，自然比那些随波逐流、没有明确目标或目的的人进步快。

希尔：

成功的领导者所培养和运用的领导能力一定具备某些明确的特质。您能否列举一下在您看来对领导能力至关重要的特质？

卡内基：

我从自己与人打交道的经验中发现，各行各业成功的领导者都体现出了领导力的一种或多种特质，在某些情况下，他们具备所有这些特质。

（1）制订一个明确的主要目标和为实现该目标的明确计划。

（2）拥有一个足以激励个人为追求自己的主要目标而不断行动的动机。没有明确的动机，就不可能取得任何显著成就。

（3）建立一个智囊团，通过智囊团获得取得显著成就所需的力量。一个人靠自己的努力所能取得的成就是微不足道的，大体上只限于获取最基本的生活必需品。显著的成就永远是协调不同的头脑朝着一个明确的目标努力的结果。

（4）自立能力要与一个人的主要目标的性质和实现主要目标的能力相匹配。不依靠自己的努力、自己的主观能动性、自己的判断，任何人都不可能走得太远。

（5）掌握足以使一个人驾驭自己的头脑和内心自律的能力。不能或无法控制自己的人，永远无法控制他人。这条规则不会有例外。这一点至关重要，在领导力的各基本要素中，它应该排在首位。

（6）拥有基于取胜意志的坚韧精神。大多数人做事都虎头蛇尾。一遇到阻力就放弃的人，做任何事情都不会走得太远。

（7）拥有丰富的想象力。能干的领导者必须不断寻找新的、更好的做事方法。他必须寻找新的想法和新的机会，以实现其劳动目标。做事亦步亦趋而不寻求改进方法，循规蹈矩，永远不会成为伟大的领导者。

（8）习惯在任何时候做出明确而果断的决定。不能或不会做决定的人，几乎不可能促使他人跟随自己。

（9）习惯根据已知的事实而不是猜测或道听途说形成自己的看法。能干的领导者不会在没有正当理由的情况下，认为某件事情是合乎情理的。他们在形成判断之前，会首先了解事实的真相。

（10）能随时产生热情，并将其引向明确的目标。不受控制的热情可能会和没有热情一样有害。此外，热情是会传染的，同样，缺乏热情也是会传染的。追随者和下属都会表现出与领导者一样的热情。

（11）在任何情况下都要有强烈的公正意识。偏袒徇私的习惯会破坏领导能力。人们对那些公正对待自己的人会做出最好的反应，特别是公正对待自己的是那些职位比自己高的人。

（12）拥有在任何时候对任何问题都保持宽容的态度（开放的思想）。思想封闭的人不会激发同伴的信心。没有信心，就不可能有伟大的领导力。

（13）培养多走1公里的习惯——以积极愉悦的心态做比得到的回报更多的事。领导者的这种习惯会激发追随者或下属的无私奉献精神。我从来不知道有哪位能干的工商界领导者不时刻努力提供比他的下属更多的服务。

（14）在精神上和行动上都要有机智和敏锐的策略意识。人们在与他人交往时不喜欢粗暴行事。

（15）培养多倾听少说话的习惯。大多数人喜欢夸夸其谈，发表的真知灼见太少。精明能干的领导者明白倾听他人意见的价值。我们长着两只耳朵和两只眼睛，却只有一条舌头，也许这暗示着我们听到的和看到的应该比说的多一倍。

（16）养成观察的天性。培养关注微小细节的习惯。所有的事情都是细节的综合体。一个人如果不熟悉他和他的下属所负责工作的所有细节，就不可能成为一个成功的领导者。此外，对微小细节的了解也是晋升的必要条件。

（17）拥有决心。认识到没有必要将暂时的失败看成是永久的失败。所有人偶尔都会遇到这样或那样的失败。成功的领导者会从失败中吸取教训，但绝不会把失败作为不再尝试的借口。接受和承担责任的能力是更有益的成就。它是所有行业和企业的主要需求。当一个人在未被要求承担责任的时候承担起责任，那么他就会收获更高的红利。

（18）掌握经受批评而不怨恨的能力。因自己的工作受到批评而怒火中烧的人，永远不会成为一个成功的领导者。真正的领导者是可以接受批评的，而且他们把接受批评作为自己的职责。大度之人无视小小的批评，并继续前进。

（19）在饮食和一切社交习惯方面保持节制。不能控制自己食欲的人，对别人也几乎不会有什么控制力。

（20）忠诚于一切应该忠诚的人。忠诚始于一个人对自己的忠诚，并延伸到一个人的生意伙伴。不忠诚会滋生轻蔑。恩将仇报的人是不可能成功的。

（21）坦诚对待他人。误导人的诡计是一根难以依靠的拐杖，能干的领导者是不会使用这样的拐杖的。

（22）熟悉激励人的9种基本动机。爱、性、获取经济利益的欲望、自我保护的欲望、身心自由的欲望、自我表达的欲望、永生的欲望、愤怒、恐惧。不了解人的基本动机的人，不会是一个成功的领导者。

（23）具有足够的人格魅力，能够促使他人自愿与自己合作。健全的领导力基于有效的销售技巧、同情以及取悦他人的能力。

（24）全神贯注于一个主题的能力。杂而不精的人很少擅长一件事情。专注的努力给人以力量，而这种力量是无法通过其他方式获得的。

（25）从自己的错误和别人的错误中学习的习惯。

（26）愿意为下属的错误承担全部责任，而不试图推卸责任。没有什么能比把这种责任推给别人这一习惯更快地摧毁一个人的领导能力。

（27）充分肯定他人优点的习惯，特别是当他人表现得非常出色的时候。人们更努力工作往往是为了获得他人对自己优点的善意认可，而不仅仅是为了金钱。成功的领导者会特意表扬自己的下属，而表扬意味着信任。

（28）在所有人际关系中运用黄金法则的习惯。它能够促成通过其他任何方式都无法实现的合作。

（29）时刻保持积极的心态。没有人会喜欢一个暴躁、多疑、似乎与整个世界都格格不入的人。这样的人永远不会成为能干的领导者。

（30）习惯一个人承担所有任务的全部责任，不管实际做工作的人是谁。如果将培养领导力的各项素质按照其重要性的顺序排列出来，那么这一领导力的品质应该排在整个列表的首位。

（31）敏锐的价值观。能够不受情感因素的引导，根据合理的判断进行评价。把最重要的事情放在首位的习惯。

所有这些领导力的素质都是任何一个智力水平一般的人能够发展和应用的。

希尔：

从您对领导力各项特质的分析来看，成功的领导者基本上都拥有正确心态。您是这样理解的吗？

卡内基：

不。领导力并不完全是正确心态的问题，虽然心态是一个重要的因素。成功的领导者必须对自己的人生目标和工作有明确的认识。人们不喜欢跟随一个明显比他们更不了解自己工作的领导者。

希尔：

激励人们在自己所选的职业中成为领导者的最佳方法

是什么？

卡内基：

动机驱使人们做各种事情。激发领导力的最佳方法就是在一个人的头脑中"植入"一个明确的动机，迫使他培养领导力的特质。利益动机是最受欢迎的动机之一。当人们下定决心获得财富或取得成功时，他们通常会开始沿着发展领导力的路径行使个人主观能动性的权利。

希尔：

那么，您认为阻止人们追求个人财富是不可取的吗？

卡内基：

让我这样回答你的问题：美国拥有很多工商界领袖，这些领袖的领导力特质是从他们对财富的渴望中发展起来的。显然，任何扼杀这种渴望的行为都是不合理的。

希尔：

您认为，对私人财富的渴望是激励人们培养领导力特质的唯一动机吗？

卡内基：

哦，不！绝对不是。在一个人获得经济保障之后，激励他的将主要是其自身成就的自豪感。一个人一次只能吃一顿饭，穿一套衣服，睡一张床。在这些需求得到保障之后，他会开始从渴望获得公众赞誉的角度考虑问题。他希望成为公认的成功人士。可能有少数人具有守财奴的囤积本能，但大多数成功人士想的都是如何更好地利用金钱，而不是想着为了拥有金钱而努力积累金钱。

希尔：

根据您所说的，我认为，一个人拥有巨大的财富可能是福也可能是祸，这取决于他如何使用自己的财富。这是您的观点吗？

卡内基：

这正是我的观点。让我们以约翰·D. 洛克菲勒为例。他积累了大量的财富，但其中的每一分钱都在工商界和慈善领域发挥作用。通过使用自己的金钱，约翰·D. 洛克菲勒为成千上万的人提供了就业机会。但他使用金钱还有一个更高的目标。通过洛克菲勒基金会，约翰·D. 洛克菲勒的财富正在以多种方式为人类服务，而这些方式并不会让约翰·D. 洛克菲勒进一步获利。他投资医院，提升医疗技术水平，并以其他方式帮助人类战胜自己的敌人。他的财富正在帮助人们通过科学研究发现有用的知识，这些知识的好处将惠泽后世。

希尔：

那么您认为，约翰·D. 洛克菲勒在积累财富过程中发挥个人主观能动性的方式，使更多人的生活更富足了吗？

卡内基：

是的，人们都在从他发挥主观能动性和拥有进取精神中受益。美国需要的不是少一些像约翰·D. 洛克菲勒这样的人，而是多一些像他这样的人。让我们再以詹姆斯·杰罗姆·希尔为例。他凭借自己的个人主观能动性，建立了横贯北美大陆的铁路系统，以此开辟了数百万英亩①的闲置土地，使大西洋和太平洋变得近在咫尺。很难估计，单单他一个人，通过发挥自己的个人主观能动性为社会创造了多少财富。这笔财富可能高达数十亿美元。与他的付出给整个社会带来的财富相比，他因自己的服务而积累的私人财富根本不值一提。

希尔：

　　卡内基先生，您也可以把自己归入这一行列。您能不能估计一下，您的个人主观能动性为社会创造了多少财富？

卡内基：

　　我更喜欢谈论那些为社会做出的贡献比我大的人所取得的成就。但如果你坚持要我回答的话，我要提醒你注意，我的伙伴们发现了更经济、更好的钢铁生产方法，这推动了摩天大楼的建设。你当然知道，如果不使用钢架，现代摩天大楼是不可能建成的。如果钢铁像我刚进入钢铁制造行业时那样昂贵，建造摩天大楼从经济角度来看也是不可能的。我们提供了一种比我们进入钢铁行业之前任何已知产品都要好的产品，降低了钢铁的价格，使得人们可以用钢铁代替木材和其他耐久性较差的金属等不太令人满意的产品。当我刚进入钢铁行业时，每吨钢铁的售价约为130美元，而我们把这一价格降到了每吨20美元左右。此

---

① 一英亩≈4046.86平方米。

外，我们大大改善了钢铁的质量，钢铁在现在有着广泛的用途，而在我们改善钢铁质量之前，钢铁并不适用于这些用途。

希尔：

卡内基先生，您的主要动机是赚钱吗？

卡内基：

不，我的主要动机一直是让人们成为对自己和对他人更有用的人！你可能已经听说了，我有幸让40多个人成了百万富翁，他们中的大多数人一开始都是和我一起工作的普通工人。但这些人所积累的财富并不是我想强调的重点。在帮助他们积累财富的过程中，我也在帮助他们成为整个社会的巨大财富。通过激励他们发挥自己的个人主观能动性，这些人开始提供有用的服务，这些服务推动了工业发展。因此，你看，这些人不仅仅是财富的拥有者，他们还成了财富明智的使用者，并因此为成千上万的人提供了就业机会。

物质和人的经验经过适当的结合形成财富。结合物中更为重要的部分是才智、经验、个人的主观能动性以及创造财富的渴望。如果没有这些特质，金钱将毫无用处。明白了这个道理，你就会对财富的本质有更好的认识。我们有大量的开拓者，他们对个人成就的自豪感促使他们在各种形式的工商界活动中行使个人主观能动性的权利。

这些人可能认为，他们的动机是对个人财富的渴望，但事实是，影响他们的是取得个人成就这一更大的渴望，无论他们出于何种动机。如果这些人不自由、自愿地发挥个人的主观能动性，这一切是不可能实现的。

希尔：

您认为可能阻碍人们取得成功的最大的弊端是什么？

卡内基：

以任何方式削弱人们之间和谐精神的东西。目标的一致性是人们拥有的最大财富。它的重要性远远大过我们所拥有的一切自然资源，因为如果没有这种目标的一致性，我们将沦为任何可能想要夺走我们所拥有的自然资源的贪婪者的牺牲品。

我还要补充一点，那就是一个行业或一家企业所遇到的最大弊端，就是扰乱从业者之间和谐工作关系的那种弊端。商业的成功是通过从业者之间的友好合作实现的。只有当人们本着和谐与理解的精神，将各自的经验和能力结合起来，为了一个共同的目标努力时，个人的主观能动性才是一种有益的力量。

希尔：

那么，您对那些在运作工业体系的人之间挑起争斗、仇恨和嫉妒的人没有好感，是吗？

卡内基：

是的。这种形式的个人主观能动性对一些人可能会有帮助，但它侵犯了许多人的权利。我所在的行业中，除了那些由通过扰乱人际关系获利的职业煽动者引起的误解之外，我与那些为我工作的人从未产生过任何误解。这是所有形式的个人主观能动性中最糟糕的一种。就连最基层的工人都知道，机遇之门日夜向那些希望通过提升自身价值以获取更多收入的人敞开着，我怎么会对知道这一点的人有什么误解呢？如果雇主像我这样，做一个帮助打工者从临时工跃升为百万富翁（我只要一有机会就会这样做）的人，在企业中自由地与他的雇员打交道，他就不可能对他们产生任何误解。

希尔：

但是，卡内基先生，是否有一些雇主对他们和雇员的关系并未采取这种建设性的态度？是不是有一些雇主贪婪地叫嚣着要求获得超过他们企业产值的东西？

卡内基：

是的，确实存在一些这样的雇主。贪婪的人一直都会有。但这样的人的优势不会维持很久，竞争很快就会将他们淘汰。在美国，一个雇主必须取得成功，否则就得为别人让道，但他的成功不能以雇员的利益为代价。他的竞争者在盯着这一点！

希尔：

一个人应该在什么时候、什么情况下开始发挥个人主观能动性呢？

卡内基：

一个人在确定所要完成的任务之后，就要立即开始发挥个人主观能动性，并且开始行动。为实现你的目标制订一个计划，赋予它价值，并在当时就开始将计划付诸行动。如果所选择的计划被证明是不牢靠的，可以用一个更好的计划代替，但任何一种计划都比拖延来得好。拖延是这个世界上普遍存在的弊端——这是人们拥有的一种可怕的习惯，等着开始做某件事的时机不早不晚刚刚好到来。它导致的失败比世界上所有不牢靠的计划所导致的失败都要多。

希尔：

在开始实施重要的计划之前，难道不应该征求别人的意见吗？

卡内基：

听着，年轻人！意见就像沙漠里的沙子，其中大部分都是靠不住的。每个人对几乎任何事情都有意见，但大多数都不值得信任。在开始运用个人主观能动性之前，因为想听听别人的意见而犹豫不决的人，最终往往会一事无成。当然，这个规则也有例外。有些时候，他人的忠告和建议对于成功是绝对必要的，但如果你指的是旁观者毫无意义的意见，那就完全没有必要理会。你要避开他们，就像避开流行病一样，因为毫无意义的意见就是一种疾病。每个人都有很多毫无意义的意见，而且大多数人会在别人并未征求他们意见的时候随意表达自己的意见。

如果你想得到值得信赖的意见，那就咨询在你所咨询的问题方面的权威人士。向他支付咨询费，但要避免免费的意见，因为意见的价值通常与支付的费用完全相同。

我很清楚地记得，当我的一些熟人听说我打算把钢铁

181

的价格降到20美元一吨时，他们是怎么说的。"你会破产的！"他们喊道。他们在我没有征求建议的情况下就给了我免费的建议。我对这些建议置之不理，继续执行我的计划，将钢铁降到了20美元一吨。

当亨利·福特宣布他将以不到1000美元的价格为人们提供一辆可靠的汽车时，人们喊道："你会破产的！"。但亨利·福特继续执行了他的计划。有一天他将推动工业生产方式的变革，而且他不会破产！

当克里斯托弗·哥伦布宣布他将驾驶着小船穿越未知的海洋，开辟一条通往印度的新航线时，那些一贯持怀疑态度的人喊道："他疯了！他不会再回来了！"但他确实回来了。

尼古拉·哥白尼提出了日心说，改变了人类对自然及自身的看法。当时罗马天主教廷认为他的日心说违反《圣经》，但其依然坚信日心说，并认为日心说与《圣经》并无矛盾。

亚历山大·格雷厄姆·贝尔发明了电话，使现在的人们可以通过电线进行远距离通话。但在他宣布这项发明时，那些怀疑者大叫道："可怜的亚历山大·格雷厄姆·贝尔，他疯了！"但亚历山大·格雷厄姆·贝尔还是坚持自己的想法，并将其改进，尽管时机似乎并非恰到好处。

你也会遇到这些持"自由意见"的不成熟者，他们将时间花在阻止他人使用自己的主观能动性上。你会听到他们大叫道："他做不到！他不可能给世界带来个人成功哲学，因为以前从来没有人做到过。"但是，如果你听从我的建议，就会放开手脚，明确你对自己主观能动性的判断。当你取得你应该取得的成功时，世界会给你戴上荣耀的桂冠，并把宝藏置于你的脚下。但在此之前，你必须承担风险并证明你的想法是正确的。不要因为别人可能告诉你时机不对而灰心丧气，对于知道自己想要什么并努力争取的人来说，时机永远是对的。这个世界需要一种个人成功哲学。不论需要多长时间，不论你为了完成这项工作可能需要做出什么样的牺牲，都要勇往直前。尽你所能把工作做好，你会从第一手经验中了解到，这些说丧气话的人不过是一群失意者，他们正遭受着自卑情结的折磨，因为他们忽视了运用自己的主观能动性。

希尔：

卡内基先生，您说得太好了，我理所当然地认为您这话主要是说给我听的。

卡内基：

是的，我是为了你才这么说的。我希望通过你的努力，在我去世后的很长一段时间里，它还能造福后世。这个世界需要有勇气主动出击的人。而且，这样的人将自己明码标价，这个世界也心甘情愿地支付这个价格，因为这个世界心甘情愿地奖励主动出击的人。

行使个人主观能动性的权利是现有生活方式的重要组成部分，但如果不加以运用，这项权利将一文不值。我们需要鼓舞人们利用现有机会积累财富。

希尔：

那么，您认为现在仍然有足够多的机会让所有人取得个人成功，对吗？

卡内基：

是的，现在每一个人的抱负和能力都有与之匹配的机会。但机会不会寻找人，只有通过有条理的个人努力才能扭转这个顺序。最佳的机会属于那些最能激励自己努力的人。

希尔：

有些人可能不明白有条理的个人努力是什么意思，您能否解释一下您对该原则的理解？

卡内基：

有条理的个人努力原则是一个非常明确的程序，通过这个程序，一个人可以将自己提升到他想要的任何地位，或者获得他想要的任何物质。要采取的步骤如下：

（1）选择一个明确的目标或目的。

（2）制订一个实现目标或目的的计划。

（3）持续行动以实施该计划。

（4）联合那些愿意合作执行该计划的人。

（5）在任何时候都主动出击。

有条理的个人努力可以简单地描述为有计划的行动。任何基于明确计划的行动都比没有条理的、随意的努力（大多数人的行动就是如此）更有可能取得成功。没有有条理的个人努力，就不可能有出色的领导力。领导者和跟随者的两个主要区别是：

①领导者仔细计划并付出努力。

②领导者会在未被要求行动的情况下主动出击。

如果你想找到一个有潜力的领导者，环顾四周，直到你发现一个自己做决定、为自己的工作制订计划并主动执行计划的人。在这样的人身上，你会发现领导力的特质，这样的人正是各行业的开拓者。

希尔：

那天才这种特质呢？卡内基先生，难道工商界的领袖们不具备大多数人所不具备的某种天才特质吗？

卡内基：

你所说的是一个谬误，它比其他任何错误的想法欺骗的人还要多。天才这个词被严重地过度使用了。它一般被用来解释成功，因为大多数人不会花时间去探究并发现人们是如何成功的。我不知道什么是天才，我从来没有见过天才！但我见过很多成功的人，他们被称为天才。分析他们成功的原因，你就会发现他们只是普通人，他们发现并运用了某些规则，这些规则使他们能够从开始的地方到达他们希望到达的地方。

每个正常的人身上都有我们称之为"天才"的潜力，这种潜力体现在一个或另一个需要付出努力的领域，这取决于这个人的喜好、他天生的性格特征和他的抱负。我想说，我所能描绘的最接近天才的特质，就是一种想做某件事并把这件事做好的执着渴望，再加上主动行动的意愿。从这一点来说，所谓的天才只不过是将有条理的个人努力原则坚持不懈地贯彻下去罢了。

确切知道自己想要什么并决心得到它的人，大概就是我能想到的最接近某些人所说的"天才"的人。这样的人成功的机会比一般人要大，当他获得成功时，全世界都会在他胜利的时刻注视着他，并把他的成就归功于他们认为的天才。

希尔：

　　但是，卡内基先生，难道教育问题不会影响一个人的个人成就吗？受过教育的人不是比缺乏教育的人更有可能取得成功吗？

卡内基：

　　这完全取决于你所说的"教育"指的是什么。毫无疑问，受过教育的人比没有受过教育的人更有可能取得成功。让我们给"教育"这个词下个定义。这个词意味着由内而外地发展并扩展心智。它并不像人们普遍认为的那样，仅仅是事实的积累。很多人都上过学，但受过教育的人却很少。受过教育的人学会了如何运用自己的头脑，从而在不侵犯他人权利的情况下，得到自己想要的一切。因此，教育源自经验和对头脑的运用，而不仅仅来自知识的获取。除非知识体现于某种有用的服务，否则知识将毫无价值。个人的主观能动性正是在此时开始证明其作为成功基本要素的重要性。

　　为了更加具体地回答你的问题，可以这么说，一个受过教育的人，只有将自己所受的教育用于实现某种明确的目标时，才会比一个没有受过教育的人更有可能取得成功。人们往往用自己所拥有的知识来代替有条理的个人努力。他们期望他们拥有的知识可以为他们带来回报，而不是期望运用他们的知识所做的事情可以为他们带来回报。这一点很重要。我曾经听人说过，一些成功的商人不愿意雇用刚从大学毕业的人，理由是许多大学毕业生在成为商业实务方面的有用之才前，必须抛弃太多的东西。就我自己而言，我更喜欢让受过大学训练的人担任负责人的职位，但我更希望他们带着开放的心态来找我，寻求更多的知识。我更青睐那些对基础知识而不是对行业技巧有充分认识的人，我更青睐那些理解理论与实践的区别的人。

与那些缺乏这种训练的人相比，大多数大学毕业生都有一个巨大的优势，那就是大学的训练有助于一个人组织自己的知识。没有条理的知识是没有什么价值的。

希尔：

您认为，在运用个人主观能动性方面的机敏性是一种天生的特质吗？一个人是否拥有这种特质取决于这个人遗传天赋的性质吗？

卡内基：

我对人们的观察迫使我得出的结论是：个人的主观能动性很大程度上基于一个人的个人渴望和抱负。一个看上去没有个人主观能动性的人，当他执着于某种明确的强烈渴望或目标时，他会在自己主观能动性的作用下迅速觉醒并采取行动。

希尔：

那么，您认为，个人的渴望是所有个人成就的起点吗？

卡内基：

是的，毫无疑问！明确的目标是渴望的结果。当一个人的渴望达到痴迷的程度时，他通常会通过明确的目标把自己的渴望转化为物质等价物。因此，渴望是所有个人成就的起点。据我所知，除了渴望之外，没有其他动机可以促使一个人采取主动行动。这就是一些妻子对自己的丈夫产生影响的秘密，当一个人的妻子渴望财富或成功时，她可以将这种渴望移植到自己丈夫的头脑中，并促使他以一种能使他取得成功的方式根据这一渴望行动。我知道这种情况经常发生。但是，归根结底，对财富或成功的渴望必须成为这位丈夫的明确动机。只有存在于一个人内心深处的渴望，才会促使他采取行动。

希尔：

一位哲学家曾经说过，人的缺点在于胸无大志，您认为这是真的吗？

卡内基：

没有什么能够代替远大的目标！当一个人下定决心实现一个明确的目标时，宇宙的力量就会站在他这边。他开始利用一切可以利用的手段来实现他渴望实现的目标。首先帮助他的，就是他行使个人主观能动性的权利。个人的渴望只有通过发挥个人主观能动性才能实现。当个人主观能动性以有条理的个人努力的形式表现出来时，一个人成功的机会就会大大增加。

当你以这种方式分析个人成就时，你很快就会明白，没有有条理的个人努力，就不可能取得伟大的成就。运用这个原则实现自己的目标，这不是一个选项，而是必需的！

希尔：

根据您对有条理的个人努力所做的分析，我认为，这一原则既适用于受教育程度很低的人，也适用于受教育程度很高的人。在对"教育"一词含义的普遍理解中，有条理的个人努力根本不属于一个人所受教育的一部分。

卡内基：

为了避免你对此感到困惑，我要清楚地指出一点，在一个人掌握有条理的个人努力原则实际运作的知识之前，没有人接受过真正的教育。秩序井然、井井有条地朝着一个明确的目标前进，正是一个受过教育的人应该遵循的程序。回到"教育"这个词的定义，仔细研究一下，你会发现，教育的应用，除了基于有条理的个人努力的行动之外，别无选择。你可以说，有条理的个人努力就是教育。

希尔：

从您的话中，我得出的结论是，所谓的自立的人，就是学会了如何组织自己的努力并将它们引向一个明确目标的人。

卡内基：

是的，这很好地描述了自立的人。你还可以在你的描述中加上"坚持不懈"这个词，因为一个众所周知的事实是，自立的人都具有坚持不懈的品质。事实上，所有成功的人都会坚持不懈地实施自己的计划。如果没有这种品质，有条理的个人努力原则不会带来成功。

希尔：

那么可以说"成功是借助坚持不懈地运用有条理的个人努力所体现的明确的目标实现的"吗？

卡内基：

就是这个意思！此外，如果你仔细分析这句话，你根本不会发现任何有关天才是成功的必要条件的证据。几乎所有人都可以确定自己想要什么，为此制订一个计划，并主动实施这个计划。与这一程序有关的唯一的天才特质，就是在实施计划的过程中确保一个人不断采取行动所需的毅力。如果一个人的动机是一种渴望，而这种渴望达到了痴迷的程度，那么坚持不懈这一重要因素就不难获得。

希尔：

卡内基先生，您经常使用"痴迷"这个词。您能否解释一下您所说的痴迷的渴望的本质？它是一种心态吗？

卡内基：

是的，痴迷的渴望是一种心态，它与头脑的主导想法有关。你可能会说，痴迷的渴望是一种自我催眠，因为它在大部分时间里都占据着一个人的头脑。成功的人都有这样的习惯，他们会将注意力持续集中于实现自身主要目标的方法上，从而使这种习惯成为一种自我催眠。这种习惯能培养自立能力、主观能动性、想象力和热情，并推进基于有条理的个人努力的行动。

痴迷的渴望可以将一幅绘有一个人各种渴望的蓝图清晰明确地转移到这个人的潜意识中。借助某种科学尚未发现、也没有人理解的力量，潜意识引导人们实现渴望的新想法并执行切实可行的计划，从而实现这些蓝图。

希尔：

那么，您的意思是，自我催眠不是一种危险的习惯，是吗？

卡内基：

这个问题的答案完全取决于自我催眠的作用对象。我认识一些人，他们通过接受贫穷、失败和挫折来催眠自己。我还认识一些人，他们通过对建设性成就的痴迷渴望来催眠自己。我想，我可以很有把握地说，没有经过达到了自我催眠程度的痴迷渴望的激励，任何人都不可能取得伟大的成功。

在这里，让我提醒你注意，有一种与催眠有关的奇怪的未知力量，它能使受其影响的人完成看似不可能完成的壮举。在催眠的影响下，一个人可以举起他在正常的心态下无法移动的重量。

有些疾病在催眠状态下容易治愈。有些医生专门通过运用催眠术治疗某些心理疾病。他们的治疗方法被称为"暗示疗法"。暗示疗法通常用于消除其他方法无法起到作用的疾病。精神分析是一种心理治疗的方法，其理论（它似乎不仅仅是一种理论）的基础是，产生异常的心理反应的原因是在潜意识中一直存在的欲望因为社会行为规范不允许满足，而被压抑到内心深处，意识不能将其唤起。

我们不能将催眠仅仅视为一种迷信或一种令人恐惧的力量。我们对催眠这个话题的恐惧是由于我们没有认识到它的本质和它为善的可能性。当自我催眠被应用于实现有价值的目的时，我们至少不应该对它感到恐惧，我们不需要知道它的全部性质或作用就可以对其加以有益的利用。

我很高兴你提出了自我催眠这个话题，因为你给了我一个机会，让我得以表达我的看法，我希望我的看法可以成为有关自我催眠运用的有益建议。我们给事物起的名字常常使人感到害怕。"催眠"这个词也是如此。有些人害怕被催眠，因为他们把它与黑魔法①以及那些利用催眠术占别人便宜的骗子联系在一起。关于催眠术的威力，让我用一句话来描述清楚：没有人可以违背他人的意愿对其进行催眠。归根结底，所有的催眠术都是自我催眠。它是一种只有在被催眠者的配合下才能产生的心态。

我认识一个人，他是一个伟大行业的公认领袖。他创立了这个行业，并通过在这个行业的成功运作发家致富。根据我对这个人的了解，我想说的是，如果有人提出要对他进行催眠，他会感觉受到了极大的侮辱。他甚至会因为别人提及"催眠"这个词而感到害怕。然而，我准备告诉你的是，他的成功正是自我催眠的结果！他一直在通过对自己事业的痴迷的渴望来催眠自己，只是他自己不知道自己在做什么。其他的成功人士也是如此。因此，消除你心中一切这样的想法：与建设性的痴迷的渴望有关的自我催眠是危险的。因为实际情况恰恰相反！

我们在谈论自我暗示时，没有将它和任何恐惧感联系起来。事实上，我们将自我暗示原则视为取得成功的一个

---

① 黑魔法又称黑巫术，即邪恶的魔法，主要以伤害他人为目的，达到谋杀、致病、迷惑、役使、嫁祸等目的的，使人在不知不觉中受害。——编者注

必要条件。自我暗示原则（我们对自己的暗示）不过是一种温和的自我催眠形式。让我再重复一遍，我们常常被我们给事物起的名称所迷惑。

如果那些终生遭受贫困和失败的人被告知，他们所处的环境是他们通过自我催眠原则强加给自己的，毫无疑问，他们会大吃一惊，但这就是事实。一个人可以用恐惧和自我设定的限制来催眠自己，就像他可以用痴迷的成功渴望来催眠自己一样容易。潜意识接受并作用于头脑中的想法。潜意识作用于有关贫穷的想法，就像它接受并作用于有关富有的想法一样迅速和有效。我们不要仅仅因为不理解这些真理，就把它们当作不值得考虑的东西抛到一边。

希尔：

那么，您的观点是，贫穷和富有都是个人心态的反映，而且两者都不是意外、运气或其他个人无法控制的原因所造成的结果，对吗？

卡内基：

这完全说明了我的看法。这不是一个普遍的看法，因为那些无法获得财富的人有一个坏习惯，他们会在错误的地方到处寻找失败的原因。

个人贫穷的真正原因是个人没有掌握获得财富的基本原则。有太多的人在寻求施舍，他们没有认识到这样一个事实：不劳而获是不存在的，财富的积累始于一种基于明确目标的心态外加一种付出有价值的东西来换取财富的意愿。

希尔：

当然，您也承认，人们拥有的财富并非都是基于正确心态的结果，财富也并非都是拥有者赚取的。比如继承的财富。这些财富是拥有者在没有付出任何有价值的东西的情况下获得的，也与拥有者的心态没有任何关系。

卡内基：

我看得出，你对这种情况的考虑不够准确。尽管继承的财富确实不是这些财富的拥有者自己赚来的，而且这些财富与其拥有者的心态没有关系，但你必须记住，这种情况并不适用于那些自己的财富被他人继承的人。有人（也许有罕见的例外）付出了一些有价值的东西以获取这些财富，而且这些财富的积累与其获得者的心态存在非常明确的关系。

关于继承的财富，还有一个重要的事实，恐怕你忽略了。通过这种方式获得的财富，很快就会消耗殆尽。有句俗话说得很好："富不过三代。"继承的财富在继承者手中停留的时间很少超过两代人。

还有一个重要的事实与继承的财富有关。这种财富通常会改变那些获得这些财富的人，破坏他们保留财富的能力。在这里，又有证据表明，一个人获得的任何东西，如果不付出同等价值的东西作为回报，就会以一种奇怪的方式消失。这适用于继承的财富，适用于通过非法手段获得的金钱，还适用于一切形式的不义之财。而且，这是全世界所有人都知道的真理。无所事事、脑袋空空和不劳而获的渴望是不被认可的。只要花时间分析一下，这个事实是很有意义的。

希尔：

请您理解，卡内基先生，我并不是要为那些不劳而获者或财富的继承者辩护。我只是想证明正义的存在，正如您所说的那样，它使每个人都因其自身心态处于应有的地位。您承认存在这样一个普遍正义的体系吗？

卡内基：

是的，我承认存在这样一个体系。每个认真思考因果关系的人都承认它的存在。拉尔夫·沃尔多·爱默生在他的经典散文《补偿》中对其进行了令人信服的描述：存在这样一个补偿法则，每个人只要适应这个法则，就可以从中受益。它对不劳而获和慵懒的人没有任何帮助。下面我将列举几点来证明补偿法则在现在生活方式下的体现。

第一，现有的生活方式赋予每个人权利与自由，只要这种自由不是以牺牲他人的利益为代价获得的。

第二，行使个人主观能动性特权的个人，通过"多走1公里"，按他们所提供的服务的质量和数量得到相应的回报。因此，每个人都有充分的动机使自己适应补偿法则。

第三，我们可以有效利用自然资源，而自由创办企业的权利始终向全体人民开放，保证了各种形式的财富得以进行普遍和频繁的交换，使每个人都有机会获得其中的一部分财富。资本、商品以及其他各种财富不断地周转，在这一过程中，每个可以奉献有价值的东西（表现为服务或其他形式）的人，都可以从与周转有关的利润中得到属于他的那一部分正当利润。每个人都可以通过其个人主观能动性行使权利，而且现有的生活方式都在向他招手，并让他觉得尽可能多地为自己争取正当的收入是有吸引力和有益的。我们并不排斥那些凭借自身的高超技术、教育和经验，适应补偿法则，从而积累巨大财富的人。人们被鼓励去获取一切他们愿意为之付出同等价值的东西。

希尔：

根据您所说的，我认为，您并没有为那些不停地抱怨没有机会出人头地的人辩护，是这样吗？

卡内基：

是的，我没有为这样的人辩护。但我确实为所有不了解情况的人感到深深的悲哀，无知是最大的罪过！我希望可以通过普及知识，为人们提供一种合理的个人成功哲学，从而消除无知。我希望每个人都能拥有丰富的财富。但我知道，只有对那些学会如何通过自己的个人主观能动性获得财富的人而言，财富才具有持久的价值。赚取财富的人带有一定的使用财富的智慧，而继承财富或违反补偿法则获得财富的人永远不会理解这种智慧。

希尔：

我认为，从您的分析来看，您认为唯一不会造成伤害的礼物就是实用知识，对吗？

卡内基：

有三种礼物是安全的。第一种礼物是知识或获取知识的方法。第二种礼物是人们充分享有的，即通过行使个人主观能动性的权利和创办企业的权利，从而获取利益的机会。这些都是无价的礼物，而且它们在本质上是无害的。

第三种礼物是鼓舞或取胜的意志，这种礼物当然是发挥个人主观能动性所必需的。

希尔：

卡内基先生，您认为父母将金钱作为礼物送给孩子会有什么帮助吗？

卡内基：

这个问题的答案完全取决于给钱的环境、钱的金额以及这笔钱的用途。父母有责任让子女接受恰当的教育。但所有超出这一需求的金钱礼物都有可能，而且往往是弊大于利。你完全可以认为，在任何时候送给任何人的任何性质的礼物，只要会遏制个人通过自己的主观能动性挣钱的渴望，就肯定是有害的。

将金钱作为礼物赠予子女会使子女不需要为自己挣钱做准备，父母用馈赠金钱的方式遏制子女对个人成就的渴望，这对子女来说是不公平的。如果父母想通过礼物的形式支配钱财，那么和把钱送给自己的孩子相比，把钱捐给某种慈善事业要明智得多。

希尔：

丈夫将金钱作为礼物赠予妻子呢？这种礼物是否可取，如果可取，这种礼物是否存在限度？

卡内基：

同样，答案完全取决于礼物的情况。你必须记住，丈夫和妻子是伴侣，因此，丈夫给妻子的钱并不总是礼物。

一般来说，它是对共同赚取的和共同拥有的金钱的公平分配。在许多情况下，妻子在丈夫积累钱财的过程给予了极大的帮助，因此有权分享钱财。但是，在有些情况下，婚姻关系会因为过于自由而受到损害。这种倾向有时会导致花钱大手大脚的习惯，这种习惯可能导致妻子和丈夫在经济上双双陷入窘境。在其他情况下，无节制的消费自由会使妻子产生虚荣心和惰性。同样，当丈夫禁止妻子合理享有他的一部分收入时，他的行为可能会引起妻子的不满，并导致误解。

在丈夫和妻子分享收入的方式上，没有一个固定的规则可以涵盖所有的婚姻关系。这是一个必须通过运用常识加以解决的问题。

希尔：

雇主给雇员的礼物呢？有没有什么保险的规则，可以在不损害任何人的情况下送出这种礼物？

卡内基：

我的一些同事在一年内收到了100万美元的奖金，超过了他们的正常薪水。这笔钱不是礼物，它是对超出这些同事薪水提供的服务量所做的补偿。你可以说这是他们额外付出的报酬。每一个和我共事的人都有提供这种服务的平等权利，每一个行使这种权利的人都会按照他所提供的服务的价值得到补偿。因此，雇主真正给予的唯一东西是所有人都能平等享有的机会。

希尔：

那么您不相信仅仅因为雇主通过发挥自己的主观能动性将自己的经验和智慧转化为利润，就会不分青红皂白地送给雇员礼物，对吗？

卡内基：

是的，我不相信有人会不分青红皂白地送任何人礼物，不管是出于什么原因，除了对慈善事业的捐赠之外，捐赠是为了保障那些无法自己挣钱的人的福利。

让我给你举个例子，说明和礼物中的个人权益无关的礼物可能会对接受礼物的人产生怎样的影响。我的一个熟人是一家生意兴隆的企业的老板，在企业发展非常成功的一年年末，他决定把50%的利润分给自己的员工。他把钱等额分给员工，不管每个员工的服务质量如何。三个月后，一个代表员工的委员会缠上了他，要求他提高每个员工的工资。在他拒绝此要求后，全体员工罢工，这让他失去了全年的利润，还额外损失了好几千美元。

你看，人性是一种奇怪的东西。他的员工推测，如果老板能自愿为他们提供一份他们没有为此付出劳动的礼物，那他的盈利一定非常可观，因此老板有能力提高他们的工资。任何人给别人钱，如果这笔钱不带有某种挑战和义务，那这么做不仅不合理，而且不安全。如果这位雇主在无条件向雇员赠予礼物之前，能像他在事后了解到的那样了解人性，他就会根据某种协议来分配这笔钱，这种协议会使他的雇员有义务付出某种东西，哪怕只是承诺提供更好的服务。

从我所说的话中，你可以看出，不劳而获的人所受的损害，可能和送他礼物的人所受的损害一样大，甚至更大。施予恩惠总是比接受恩惠来的安全，因为不劳而获接受礼物的人会因此承担代价高昂的后果，更不用说滋生不劳而获的渴望了。

希尔：

　　卡内基先生，您对人际关系的看法是否和工商界的领袖大体一致？

卡内基：

　　我想是的。你看，领导者需要具备很多优秀的特质，我已经描述过一些了。其中之一就是对细节的强烈专注。

　　要成为一位能干的领导者，就必须知道如何以最小的摩擦与他人进行谈判。一个人还必须知道如何区分人的缺点和优点，这些都是对领导者的基本要求。因此，你可以放心地认为，每一位领导者都知道一些道理，例如，给予他人不劳而获的礼物可能弊大于利。而且，一位能干的领导者知道，把他和他的追随者联系起来的最重要的环节就是激励他们主动出击。一位能干的领导者还知道如何通过激励他人主动出击来提升自己的能力。如此一来，一位领导者可以同时出现在很多地方，他可以同时做很多事情，并且把所有的事情做好。

　　以美国钢铁公司的领导者为例。如果他不知道如何将工作分配给下属，并充分确保他的计划会像他亲自处理时一样得到执行，他会在哪里，他会做什么？他会在成功之前就已经沉沦！

　　当我们谈论这个话题的时候，我想再次强调一个人能够让他人充分运用个人主观能动性有多么重要。正是这种能力，而非任何其他能力，才使查尔斯·施瓦布成了对我而言不可或缺的人物。他有能力让别人把事情做得和他自己一样好甚至比他自己做得更好。如果我说，他的巨额收入是这种能力的回报，我并不是在夸大其词。我要强调一个观点：收入较高的人是通过让别人做事而得到报酬的，并不仅仅是因为他们拥有的知识，或者他们个人能做的事。我怀疑，如果一个人只因他个人能做的事而得到报酬，那么他的年薪无法达到100万美元。

希尔：

众所周知，您帮助许多员工从普通的临时工岗位晋升到责任重大的职位，他们也因此变得十分富有。您能否介绍一下这些人具有哪些重要品质，以至于您如此慷慨地表彰他们？

卡内基：

我对同事们的提拔和慷慨没有关系。他们的晋升是他们通过自己的努力实现的，这和我没有太大的关系。但是，为了坦率而直接地回答你的问题，我会告诉你，我的同事们是通过哪些品质来提升自己的。

（1）养成一个一成不变的习惯，即在未经要求的情况下"多走1公里"。我可以实事求是地说，这个习惯是首先吸引我注意到每一个我提拔、认可的人的品质。我还可以更加坚定地说，如果没有这种品质，在我帮助其发家致富的人中，大多数仍然会在最初的岗位上从事普通的体力劳动。不把一个人提拔到更高的位置，也不给他支付超过一般工资标准的服务费，除非他自愿"多走1公里"从而得到认可，一直以来这都是我的一条铁律。

（2）证明自己有能力承担责任并在最少的监督下履行责任。

（3）能够驾轻就熟地通过责任下放，促使他人发挥自己的主观能动性。正如我所说的，我更青睐一个能让别人做事并把事情做好的人，而不是一个只有自己有能力把事情做好的人。

（4）对同伴的忠诚。一个不忠诚的人，无论如何都是一个蹩脚的便宜货。就他所从事的服务（这种服务通常是微不足道的）而言，这是一笔糟糕的投资，而且从他对周围的人产生的影响来看，他也是一种很大的累赘。在一个由一千人组成的组织中，一个不忠诚的人能使整个组织感受到他表现出的不忠诚。

（5）积极的心态。同样，一个思想消极的人也会让所有与之接触的人的心态变差。因此，这样的人无论如何也同样是一个蹩脚的便宜货。在任何企业，要想获得成功，有一样东西是必不可少的，那就是员工之间的和谐。在那些爱发脾气之人的影响下，企业是不可能有和谐的氛围的。

（6）天生愿意工作。无论多么伟大的职能，都无法取代工作的地位。我可以实事求是地说，在我的企业中，每一个担任过主管职务的人，比他手下的任何一个人都更加努力。试图把自己所有的工作都推给别人的人，无论他掌握了多少知识或者他拥有什么其他的品质，都永远不会成为一位能干的领导者。

（7）持之以恒。一个做事虎头蛇尾的人不具备成为领导者的必要条件。

（8）做好准备。一个靠猜测而不是准确知道事实的人，不可能成为一位能干的领导者。

（9）拥有明确的目标。一个无法决定自己想要什么并坚持自己决定的人，不具备成为领导者的资格。

正是这9种品质，而不是所有其他品质，使我的同事们得以将自己提升到不可或缺的位置上。如果你分析任何一位成功的领导者，我相信你会发现，他在一定程度上也拥有这些品质。那些更加精通这些品质的人自然会成为更能干的领导者。当然，这些只是领导都应该具备的其中几种品质，但它们是必备条件，如果没有这些品质，没有人能够成为引人注目的领导者。

希尔：

您提到了关于行使个人主观能动性的习惯。这难道不是领导者清单中的必备条件之一吗？

卡内基：

是的，而且它在清单中名列前茅。但你必须记住，习惯"多走1公里"的人，自然会主动出击。我没有提到这种品质，因为它是所有做得比得到的多的人的工作的一部分。除非他们在未经要求的情况下主动行动，否则就可以认为他们的个人主观能动性不强。

希尔：

那诚实呢？一位伟大的领导者能不能不诚实，而只是依靠他所具备的其他品质？

卡内基：

没有一个不诚实的人可以在任何方面成为一个伟大的人，至少他不可能成为一位伟大的领导者。但你会发现，如果一个人对他的同事忠诚，他在其他方面就更有可能做到诚实。要知道，忠诚是最高和最值得赞颂的品质。一个不诚实的人天生就不会"多走1公里"。

我很高兴你提出了这些问题，因为你给了我一个机会，让我可以纠正你对一些问题的认识，其他人可能希望得到针对这些问题的详细回答。我也很喜欢你所提出的问题，因为它们都是很睿智的问题。我喜欢这些问题，还因为它们表明你对细节有着敏锐的认识，这也是成为领导者的一个必备要素。懂得提出睿智问题的人，更有可能知道如何处理睿智问题。我经常说，能够提出睿智的问题比能够回答这些问题更有成就。你也许有兴趣知道，我判断人所依据的标准之一，就是他们提出睿智问题的能力。我所说的这一切，不是为了奉承你，而是为了向你强调个人成功哲学的重要因素。

希尔：

您认为那些渴望在工商界取得领导地位的人更为不利的缺点是什么？

卡内基：

一言以蔽之，就是缺乏我刚才所说的9种品质！如果这些是领导者应该具备的最重要的9种品质，那么缺乏这些品质对那些希望成为领导者的人来说自然就成了最大的障碍。

希尔：

确实！我问这样的问题太愚蠢了，这个问题的答案是显而易见的！那么，让我再试一试。您是否犯过这样的错误：您在选择领导者时，认为您所选择的人具备9个必要条件，但后来却发现他们缺乏其中的一些品质？

卡内基：

恕我直言，我很少犯这种错误。原因很简单，在我的企业中成为领导者的人，在得到晋升机会之前已经向我证明了自己具备这些品质，从而将自己提升到了领导岗位。你看，这就是习惯"多走1公里"的最大好处之一。这个习惯给一个人提供了机会，让他即使身处最基层的职位，也能得到上级的青睐。在"多走1公里"的过程中，一个人有机会展示他的所有优点，可以说包括了他可能拥有的与9个必要条件有关的任何能力。

希尔：

卡内基先生，一个想要提升自己的人，如果把9个必要条件列成清单放在自己面前，让自己每天都能看到，这难道不是一件很明智的事吗？

卡内基：

这将是一个很好的计划！它将会让人产生领导者意识。事实上，有志成为领导者的人，最好把我提到的31项领导力特质的整张清单抄下来，并始终摆在自己面前。在我的智囊团成员中，至少有6个人笃定地实践了这个习惯。其中有一个人竟然把整张清单铸成铜牌，摆放在他的办公桌上。他在办公室里接待来访者时，常常提醒来访者注意这块牌匾。他还总是提醒来他办公室的下属们注意这块牌匾。通过这种方式，他发现了很多后来晋升到更高职位的人。

希尔：

还有什么领导者的品质是您没有提到的吗？

卡内基：

我忽略了领导者最重要的品质，那就是一个人借以识别他人能力的思维警觉性。一个能迅速识别他人能力的人，通常还具备其他领导者所必需的品质。如果你问我，我认为自己最大的资产是什么，我会毫不犹豫地回答："挑选人才的能力"。如果没有这种品质，美国钢铁公司永远不会诞生，因为这家公司最大的资产是它的人才队伍，其中许多人是我发现并培养起来的。我这样说是很客观的，因为这是别人和我自己都知道的事实。

希尔：

您所说的一切让我明白了，有条理的个人努力是由许多不同的品质组成的，其中的每一种品质都对个人的成功起着明确的作用。

卡内基：

是的。你可以说，成功领导者的31项特质，就像构成了整条链条的各个扣环一样。每一项特质都是有条理的个人努力中明确而不可或缺的一部分，就像链条上的各个扣环组成一条完整的链条。遗漏其中任何一项特质，都会削弱有条理的个人努力的整体结构。

希尔：

一个人如何才能培养这31项特质呢？

卡内基：

采取与培养其他性格特征一样的方式——通过不断地运用这些特质，外加精益求精的意愿。你必须记住，所有这些特质都是通过渴望而得以培养的。它们不是天生的特质。它们是在运用过程中刻意培养起来的。

希尔：

那么，任何普通人都有可能获得这些特质吗？

卡内基：

是的，任何愿意工作的人都可以培养这些特质。在不劳而获的人身上是找不到这些特质的。

希尔：

适用于一种领域的领导者的品质是否同样适用于其他领域？例如，您能否在其他行业取得在钢铁行业所取得的成功呢？

卡内基：

这个问题需要解释很久。不过，你可能有兴趣知道，我对炼钢技术工艺的了解，比为我工作的100多人中的任何一个人都要少。智囊团原则为人们提供了一种弥补自身知识缺陷的方法。在我的智囊团中，我的同事们知道截至目前关于钢铁及相关产品的制造与销售的所有知识。

为了尽可能直接地回答你的问题，我要说的是，我很可能在其他任何行业取得像我在钢铁行业所取得的成功，因为无论我进入什么行业，我都会通过选择对该行业了如指掌的智囊团盟友来掌控这一行业。

希尔：

这正是我想要知道的信息。根据您的回答，我认为成功的原则普遍适用于所有的领域。当一个人掌握了这些个人成功原则，他就可以将它们应用到任何他喜欢的事业中去，是这样吗？

卡内基：

你的想法是正确的，但你应该记住，某些人更适合某些类型的工作，而不适合其他类型的工作。一般来说，一个人在他最喜欢的工作中会取得最大的成功。一个人在做他喜欢做的事情时，会全身心地投入其中。一个人在做他最喜欢的事情时，取得成就的自豪感就会进入他的工作当中。一个人如果除了工资袋里的工资之外，得不到其他工作报酬，那么无论他收到多少工资，他都被欺骗了。你可以将之视为一个可靠的事实。

一个人最好的报酬就是他因为把工作做好而获得的满足感。取得成就的自豪感是任何人都不会剥夺的一种报酬形式。不是每个人都能做他最想做的工作，这是人生的一大悲剧。如果你对此表示怀疑，请想想一个人从各种他所热爱的劳动中得到的快乐，比如为所爱之人的利益服务。当一个人被一种渴望驱使，在没有直接报酬的情况下为他人提供有用的服务，他会把劳动看作一种权利，而不是一种负担。我从这一众所周知的人类特征中得出的结论是，当人们在做他们最喜欢的工作时，他们总是表现出更高的效率。

为了更直接地回答你的问题，我想说的是，在所有形式的努力中，成功的原则都是一样的。而且，这些原则就像字母表里的字母一样具有普遍性，人们可以用这些字母组成英语中的所有单词。

希尔：

如果个人成功的原则适用于所有努力的领域，那为什么公立学校不教授这些原则呢？如果人们像学习数学或英语规则一样学习成功的原则，那么不是可以使许多人免于失败吗？

卡内基：

我自己也思考过这个问题，我认为我可以给你答案。公立学校从来没有教授过个人成功原则，原因很简单，因为这些原则从来没有被整理成一种实用的哲学。当我让你把所有获得成功的原则和所有导致失败的原因整理成一种可靠的哲学时，实现这件事就有了可能性。在你完成这项工作之后，这门哲学就会进入公立学校。文明的进步需要这样的哲学。没有任何正当的理由让孩子们把所有在校时光都花在储存学术知识上，而不同时掌握关于和谐人际关系的实践知识，因为和谐的人际关系是成功的首要因素之一。所有孩子都应在公立学校学会如何在与他人的人际交往中以最小的摩擦，协调自己的生活。

这种知识甚至比记住历史上的人名和日期更加重要，与学习英语的正确用法以及学校里的其他科目一样重要。请记住这样一个事实：在公立学校承认个人成功哲学的重要性之前，个人成功哲学必须通过成人的使用进行普及，从而使公立学校迫于公众的要求教授这门哲学。遗憾的是，美国公立学校系统的变化非常缓慢，但学校系统就像所有其他为公众服务的美国机构一样，必须征询公众的需求并提供相应的服务。这其中恰恰寄寓着个人成功哲学在时机成熟的时候成为公立学校创造更多财富的希望。

希尔：

卡内基先生，您说过，当一个人下定决心去做一件事的时候才是一件事正确的开始。现在一定存在某种计划，通过实施这种计划可以影响公立学校，使其在个人成功哲学以教科书的形式出版后立即展开教学。因此，我想知道，您将如何将这门哲学引入公立学校。

卡内基：

你这是让我计划一项需要很多年才能完成的工作，要完成这项工作必须采取很多步骤。总的来说，以下就是你应该采取的步骤：

第一，你必须以通俗教科书的形式出版关于这门哲学的书籍，并借助那些希望通过应用个人成功原则获得成功的人来介绍、推广这门哲学。如果你有幸找到一家出版商推销你的书，你的发行销售工作将可以在三五年内取得很不错的成效。

第二，你应该开始培训能够讲授这门哲学的讲师，以便在时机成熟时为公立学校提供教师。与此同时，在公立学校做好准备接收这些讲师之前，这些人可以通过组织私人课堂授课。

第三，你应该开办你自己的私人学校，以补课的方式来教授这门哲学，从而使自己能够接触到全国各地想要学习这门哲学的人们。

第四，你应该让你的出版商将这门哲学翻译成外语，这样其他国家的人们就可以学习这门哲学，他们同样需要这种教育。

在你采取这些步骤之后，会有更多的人关注个人成功哲学，以至于公立学校也会被它吸引。要实现这一切可能需要十年之久，当然，这取决于你的付出。

希尔：

换句话说，把什么东西教授给别人并付诸实践由我决定，是这个意思吗，卡内基先生？

卡内基：

就是这个意思！如果一位医生生病了却拒绝吃自己开的药，那么你对这个医生评价不会太高。你必须通过证明个人成功哲学可以对你产生作用，这将成为这门哲学的最佳广告。

希尔：

您的意思是我必须把这门哲学转化为巨大的财富，从而证明它的合理性？

卡内基：

　　这完全取决于你所说的财富是什么意思。你知道，财富的形式多种多样。就积累金钱而言，你可以通过运用这门哲学获得你所需要的一切，甚至更多。但我想提醒你注意一种你可以获得的财富形式，它远远超越了金钱所代表的一切。我心中的这种财富在质量和数量上都是十分惊人，当我描述它们时，你可能会吃惊不已。但是我告诉你，我心中的这种财富不会只属于你一个人，而是将成为全世界人民的财富时，你可能会更加吃惊。如果你认识到我将要为你描绘的远大的可能性，并按照我提出的建议行事，有一天你的财富将大大超过我所拥有的一切财富。

钢铁大王对其学生提出的挑战

　　我将向您描述一幅图景，在此之前，我要提醒你，你会在其中。在那里，你作为一名领袖的能力将被真实地展现出来。但我也会在其中，因为我在所有认识的人中选择了你，将你视为最有能力把美国成功哲学带给人们的人。

　　第一，我将把我从经验中积累的关于成功哲学的知识都传授给你，当你吸收了所有这些知识之后，你就将拥有我的大部分财富。除此之外，你还将从其他成功人士那里获得财富的价值，我将安排他们与你合作完成这门哲学的研究工作。

第二，你们将通过成为个人成功哲学的第一批组织群体，证明"多走1公里"这一原则的合理性。这是一项殊荣，因为在你们之前，没有人试图为人们提供这样的哲学，尽管对这门哲学的需求一直存在。

第三，总有一天，人们会因为个人目标与社会主流生活方式存在差异而感到困惑，到那时，人们会主动寻找科学的个人成功哲学学习，这将成为你的一次机会。

我可以看到这个机会已在酝酿之中。在人们日益增长的企图不劳而获的贪婪精神中可以找到这个机会的种子。这颗种子在令人不安的因素中逐渐扎根，这些因素已经开始威胁到工业领域企业和工人之间的和谐。颠覆性的哲学将在劳工组织中为这颗种子的萌芽找到合适的土壤。在劳工组织中，不和谐将首先变得显而易见。

人民会开始寻找出路，就像人们在遇到紧急情况时一直做的那样。那么，你的大好机会就来了！重塑现有生活方式的阶段将会开始，而你通过"多走1公里"所整理的哲学思想将必然成为恢复和谐的工具。

如果你看不到我所描绘这幅图景，那么你终将失败。因为我选择了你作为我的使者，来执行这项伟大的任务。如果你像我相信你能做到的那样去做你的工作，整个世界就会因为你的劳动而变得更加富有——不仅在物质上更加富有，而且在认识上也会更加富有，没有认识的转变，任何形式的财富都不可能长久地存在。

我希望你认识到这样一个事实：个人成功哲学不仅包含在物质方面取得成功的原则，而且还体现了登山宝训中所阐述的准则——无论何事，你们愿意人怎样待你们，你们也要怎样待人。

除非你领会了这门哲学这一更深层次的含义，否则你将错过你的使命所具有的更大的可能性。我们要避免人们精神破产，通过将他们最大的弱点——对物质的欲望转化为不可抗拒的吸引力，引导他们回归正途。

个人成功哲学提供了积累物质财富的方法，也提供了调整心态的手段。因此，在给予人们最渴望的东西的同时，你也会随之赋予他们最需要的东西，你当然不应该忽视这一点。

因此，在我为你描绘的图景中，你清楚地看到了一个未拥有过的机会。现在，我有一句临别忠告①：要有谦逊之心，不要过于看重自己的重要性。将你的使命视作一种值得感恩的权利，而不是一种可以夸耀的优势。永远记住，你们之中最伟大的人应该成为所有人的服务者。

---

① 这一忠告是美国公认的工业领袖给他的学生的，他把组织个人成功哲学的任务交给了他的学生。这门哲学一直被严格遵循，今天我们有确凿的证据表明，卡内基先生关于未来将会发生什么的预言惊人地准确。——编者按

对有条理的个人努力原则的分析
——拿破仑·希尔

在第三章中，卡内基先生分析了个人取得成功应该具备的一种品质——个人主观能动性，它包括领导者必须具备的31种特质。

任何哲学在未通过有条理的个人明智指导并践行之前，都是无效的。因此，本章可以被视为让个人主观能动性"齿轮"转动起来的发电机。

在整个美国历史上，从来没有一个时期比现在更加需要个人主观能动性，也从来没有一个时期，得到明智指导的个人主观能动性为自我提升提供了比现在更加优越的机会！

将有条理的个人努力原则与"多走1公里"的习惯结合起来并明智地运用这种结合的人，将得到比过去任何时候都更加优越的自我提升机会。这两个原则是紧密相连的。将这两者结合起来并给予恰当的指导，它们将提供比一般人实现人生主要目标所需的更大的个人力量。我们现在拥有按照个人主观能动性行动的权利，这是我们最重要的权利之一，因为正是通过行使这一权利，每个人都可以选择自己的事业，决定他将通过这一事业提供什么样的服务，从而确定自己应得的报酬。

如果说卡内基先生在这一章中强调了一种高于其他所有思想的思想，那就是所有的提升都是自我提升，而且这种提升是通过发挥个人主观能动性实现的。如果一个人被剥夺了主动行动的权利，那么他就会失去自己拥有的最重要的权利之一。

　　我们了解到，在第一次世界大战期间，以及由这场战争引发的长期萧条中，有一种东西比被迫工作糟糕得多，那就是被迫不工作的不幸情况。卡内基先生说得很好，没有什么可以代替工作。

　　最有益的工作是一个人在不受强迫的情况下，运用有条理的个人努力原则主动从事的工作。这篇分析将致力于讨论这类工作。在我进行这一分析的时候，我充分认识到我正在处理的是这门哲学的核心问题。没有对有条理的个人努力原则的性质和重要性做透彻的了解，学习这门哲学的人们就不可能以卡内基先生心目中的方式和程度从这一原则中受益。

如何应用有条理的个人努力原则

　　卡内基先生曾十分有力地指出，成功人士的实践经验是证明一项原则合理性的绝佳证据。因此，让我们来研究一下，有条理的个人努力在各个领域中是如何得到应用的。

　　以现代工业公司为例，观察它是如何在理解和运用有条理的个人努力原则之人的领导下成功运作的。

　　现代公司只不过是一个有限的合伙企业，各合伙人（称为股东）按持股比例向共同经营资本出资。公司只是一个由机械师、农民、商人、教师、医生、律师和其他工人组成的合伙企业，这些人把自己的积蓄投资于公司的股份之中。

　　除了公司开展业务所需的经营资本外，还有另一种同样重要的资产，即从事生产活动的其他合伙人，他们之中有许多人同时也是公司股份的所有者。这些工人分为两类，一类是工人，另一类则是由于自身的训练和经验以及天赋而监督和指导工人工作的人。

　　所有这些活动都是按照明确的计划进行的，这些计划以一种高效的有条理的个人努力形式，规定了每个工人的职责，确定了每个工人的责任。

如果管理层和工人本着和谐精神共同努力，企业就会蓬勃发展。如此一来，这些合伙人通过共同工作，赚取的利润可以用来支付工人的工资，还有一些剩余的资金可以支付给提供周转资金的合伙人，但前提是企业没有遭遇诸如长期经营不景气等意外的紧急情况。

如果上述紧急情况严重影响了企业的发展，致使企业亏损甚至倒闭，那么工人将优先得到他们的工资，而提供周转资金的合伙人则会一无所获。

在这里我将举例说明应用有条理的个人努力原则的必要性，即企业管理层和工人之间的关系。如果他们本着和谐精神进行合作，企业通常就会成功。如果没有这种和谐的合作，成功是不可能的。如果管理层疏忽大意，允许工人提供质量不佳或数量不足的劳动，那么所有合伙人都会遭受损失——工人失去工作，合伙人的投资也会血本无归。

美国陆军和海军是高效的有条理的个人努力的杰出范例。在美国陆海两军中，从级别最高的军官到最基层的士兵，每个人都理解并尊重协调努力这一原则。这种形式的有条理的个人努力的核心是严明的纪律。如果一个人像美国陆海两军中的管理人员那样明确地约束自己，并彻底尊重有条理的个人努力原则，那么他们在自己的生活中遇到的失败就会减少。

我常常在想，在每个年轻人开始自己所选择的职业之前，如果要求他们在美国陆军或海军中服役几年，以便他们能够亲身体验基于有条理的个人努力这一要求的纪律的好处，是否不失为一种极好的训练方式？当然，如果所有有志于在任何职业中担任领导职务的人，都能像陆军和海军一样，通过有条理的个人努力，从那些纪律严明的人身上学习领导力课程，那将是很有帮助的。

银行业是高效的有条理的个人努力的另一个例子。我们也发现了来自银行业内部的纪律。银行业的改革总是来自银行家队伍内部。我们用领导者必须具备的31种特质来衡量银行家，看看他们在应用这些原则方面表现如何。在银行领域，存在没有敌意的激烈竞争。他们有工作要做，而且做得很好。总的来说，银行家们都是品行端正的人，他们既聪明又勤奋。他们的职业规则要求他们坚定地运用明确的原则，但这种约束对他们服务的对象和他们自己都是有利的。

现在，让我们来分析一下另一个非常庞大且重要的群体——美国农民。不幸的是，他们普遍没有从有条理的个人努力原则中获益。恕我直言，对这些人来说（他们养活了美国的大多数人），我们必须承认，他们中的许多人并没有以科学的方式开展业务。这是一个众所周知的事实，不需要我提供任何证据加以证明。

农民经常遭遇经济困难，他们中的大多数人赚的钱只能勉强糊口，有些人赚得更少。如果农民按照有条理的个人努力原则，像银行家和工业界领袖们一样高效地经营他们的业务，毫无疑问，他们将会赚取更多的利润，生活更加富裕。

从这些事实中，我们可以得出这样的结论：不管忽视运用有条理的个人努力原则的是个人还是群体，不运用这一原则都会导致失败。

现在，让我们来探究一下美国农民的习惯，看看他们为什么没能应用在工业和银行业得到应用的公认的稳健经营原则。既然我已经挑出农民群体来对他们的缺点进行了坦率的分析，那就让我向他们说明他们低效率的一部分表现，以帮助他们。

（1）比方说一般的农民都拥有一个占地160英亩的农场。他可能会将其中50英亩的土地用于农作物种植。另外的110英亩的土地则被闲置，尽管他要为整块土地纳税。相比之下，这就好比通用汽车公司建造了一家占地5英亩的工厂，花重金为工厂装备了机器设备，但只利用了大约1/3的厂房，让其余的厂房闲置着。

（2）虽然科学的农业要求农民为了土壤的利益实行轮作，但一般的农民却年复一年种植同一种作物，因此消耗了土壤的肥力。

（3）一般的农民会根据自己的喜好种植作物，而不会根据市场需求对自己将要种植什么作物进行规划，因此经常生产出市场需求小的产品，导致一种产品太多，另一种产品却太少的窘境。

（4）一般的农民没有计划地胡乱出售自己的农作物，收获什么就卖什么，而按照有条理的个人努力原则经营的商人，无论是买进还是卖出，都有明确的商品销售规则。

任何人在希望获得成功之前，都必须知道自己的缺点是什么，并学会纠正这些缺点。考虑到这一事实，我将不徇私情，如实描述我所发现的人们的一些弱点。

这份清单很长，而且是真实可信的，因为它是由一位专业分析师在对来自美国各行各业的两万五千多名男男女女进行认真的分析后客观地编制的。仔细研究这份清单，你就会明白，为什么每100个美国人中就有98个人（成年人）被恰当地归为"失败者"，即使每个人都有权行使自己的主观能动性，选择自己的职业、事业或行业，并且只要不伤害他人或使他人的利益遭到损害，就可以随心所欲地过自己喜欢的生活。

自省是自我提升的一项基本需要。而且，只有这样才能贯彻先哲们的古老告诫："人啊，认识你自己"。因此，请勇敢地通过这份人类缺点清单检查自己，这样你就可以找出那些将你和有条理的个人努力原则阻隔开来的缺点。在你这样做的时候，请记住，清单中所列的每一个缺点都是习惯的结果，它们是可以纠正的。

人生最大的悲剧之一就是，我们都有一些不良习惯，但我们却没有认识到这些习惯会阻碍我们取得成功。这一悲剧产生的原因主要在于我们拒绝认真地审视自己。但愿每一个有抱负和渴望成功的人可以借助个人成功哲学取得成功，并且有勇气通过自己的眼睛审视自己，而不要试图用借口和托词来掩盖自己所看到的一切。

所以，下面列出的缺点就是有条理的个人努力的敌人：

（1）养成试图不劳而获的习惯。这种习惯通常表现为消极工作，期望用一天糟糕的工作换取一整天的报酬；在交易中作弊；要求获得政府补贴；依靠亲戚的支持而不是自己努力工作；通过群体的力量来剥削无助的人，旨在通过破坏和抵制某些政策的权宜之计，以人数的力量来夺取想要的东西。这种习惯之所以被放在首位，是因为它十分普遍。

（2）忽视或有意拒绝"多走1公里"的习惯。

（3）养成赚得少花得多的习惯，没能建立个人预算，通过节约使用来增加存款。如果没有合理的预算，个人、政府、企业都不可能取得成功。

（4）习惯忽视或直接拒绝本着和谐精神与同伴合作，从而削弱自己的赚钱能力。

（5）养成重复犯错而不从中吸取教训的习惯。

（6）习惯以猜测代替了解，对自己知之甚少或一无所知的话题发表意见。

（7）习惯为了琐碎之事争执，从而制造不必要的敌人，招致他人不必要的反对。

（8）习惯使用诡计，而不是勇敢地面对生活现实。

（9）习惯漫无目的地"漂流"，没有明确的目标。

（10）养成在没有事先制订经过合理性检验的计划的情况下就开始工作的习惯。

（11）习惯在没有充分准备的情况下从事某个职业或确定努力的领域。

（12）习惯在没有集中思想、目的和行动的情况下分散自己的努力。

（13）养成饮食和性生活不节制的习惯，从而导致疾病。

（14）习惯制造借口来代替令人满意的业绩，以掩盖冷漠、缺乏抱负和明显的懒惰。

（15）习惯任由情绪肆虐，而不努力控制情绪。这种缺点最严重的表现就是放任自己的脾气。

（16）养成不承认和运用智囊团原则，而以"独狼"的方式工作的习惯。

（17）习惯忽视在自己的职业、收入来源以及人际关系方面的微小细节。

（18）养成在通过冥想和思考进行分析之前冲动行事的习惯。

（19）养成恐惧的习惯，主要是由于缺乏自律和信念。

（20）养成不宽容的习惯，主要表现在政治、经济关系方面。

（21）养成轻视理想和其他精神价值的习惯，主要是由于贪婪和对物质的盲目追求。这种习惯已经非常普遍。

（22）习惯以空想代替实干。空想并不会带来财富！

（23）习惯在遇到阻力时选择放弃，而不是坚持不懈地继续奋斗。

（24）养成故意不诚实的习惯。

（25）习惯拒绝优雅地接受生活中自己无法控制的变化，不承认永恒的变化是宇宙中唯一永存的东西。

（26）习惯忽视对自己头脑的掌控和对事物的思考。

（27）习惯羡慕成功者而不是效仿他们。

（28）习惯忽略关闭个人怨愤背后的大门，从而活在过去，而不是明智地利用现在，满怀希望地展望未来。

（29）养成疑病症的习惯（因臆想的疾病而痛苦）。这种习惯一般是想摆脱工作或博取同情的结果。

（30）养成试图和别人攀比的习惯，而不是根据自己的收入和社会地位过自己的生活。

（31）养成爱慕虚荣和自私自利的习惯。

（32）习惯试图寻找成功的捷径，而不是沿着既定原则标示的道路前进。

（33）养成对伙伴不忠诚的习惯，尤其是对和自己共事的人。

（34）养成拒绝遵守和适应自然规律的习惯。

（35）养成通过不参加投票忽视履行公民义务的习惯。

（36）养成多管闲事的习惯。把时间花在别人的事情上，而这些时间可以更好地用于解决个人问题。

（37）养成因缺乏自立能力而建立自我限制的习惯。

（38）养成允许别人替自己思考的习惯。

（39）习惯把权利与自由误认为是一种许可，而不是一种需要保护的特权。

我并未声称这就是人类缺点的完整清单，人类的缺点在普通人的生活中破坏了有条理的个人努力的力量，我指出的这些更具普遍性。

在这一点上，每个人都可以做出选择。选项一，你可以说："哦，是的，这些是某些人的共同缺点，但不是我的缺点。"然后无视问题。选项二，你可以说："我要通过这份清单仔细审视自己，并确定其中有多少缺点阻碍了我的发展。"

每位读者都必须自己决定将采取何种态度。无论一个人做出怎样的决定，他的决定都将是重要的。正确的决定可能标志着每位读者人生中最重要的转折点。

现在，我将分析一下个人可以通过哪些方式、方法养成有条理的个人努力这一习惯。首先我要强调一个事实，一个人的成功或失败是习惯的结果。请注意，刚刚描述的39个人类缺点中的每一个缺点都与习惯有关。

卡内基先生描述了领导者应该具备的31种特质，所有这些特质都是有条理的个人努力原则的必备要素。我对39种缺点做了简要的描述，这39种缺点常常会阻碍有条理的个人努力原则的应用。一个人在掌握这一原则过程中，首先要做的是养成运用31种领导者特质的习惯。这种习惯将帮助你克服39种令人讨厌的缺点。

用最简短的方式做一个总结，以下就是一个人在养成有条理的个人努力这一习惯的过程中必须遵循的步骤。

（1）确定一个明确的主要目标，并为实现这个目标制订一个计划。

（2）为了实现一个人明确的主要目标，与一个或多个合适的人结成智囊团联盟，并立即着手实现这一目标。持续的行动必不可少。

（3）养成"多走1公里"的习惯，并把这种习惯作为实现自己明确的主要目标的过程中获得友好合作的手段。

所有成功人士都会运用有条理的个人努力这一原则，尽管有时候是在无意识的情况下运用这一原则。大多数失败者都在漫无目的地"漂流"，没有计划也没有目的，他们的努力因为缺乏有条理的个人努力而一事无成。

让我们列举几个杰出人物的例子，这些人根据有条理的个人努力原则，怀着明确的目标前进。

（1）克里斯托弗·哥伦布，在探险和航海领域。

（2）托马斯·爱迪生，在发明和科学领域发现和利用自然规律。

（3）古列尔莫·马可尼，在科学、发明和无线通信领域。

（4）享利·福特，在汽车生产领域。

（5）圣雄甘地（Mahatma Gandhi），在与人民的无知和迷信做斗争方面。

（6）拿破仑·波拿巴，在军事行动方面。

（7）艾萨克·牛顿，在自然规律研究领域。

（8）莱特兄弟，在航空领域。

（9）亚伯拉罕·林肯，在维护国家统一方面。

（10）卢瑟·伯班克，在植物学和农业科学领域。

（11）马歇尔·菲尔德（Marshall Field），在服务业领域。

（12）詹姆斯·杰罗姆·希尔，在铁路领域。

（13）安德鲁·卡内基，在工业和教育领域。

（14）约翰·D.洛克菲勒，在工业和慈善事业领域。

（15）路易斯·巴斯德（Louis Pasteur），在疾病防治领域。

（16）乔治·华盛顿，在军事行动和政治才能方面。

（17）托马斯·杰斐逊，在政治才能方面。

（18）本杰明·富兰克林（Benjamin Franklin），在政治才能、商业、哲学和科学领域。

（19）托马斯·潘恩，在哲学和文学领域。

（20）塞缪尔·龚帕斯（Samuel Gompers），在组织劳工领域。

（21）查尔斯·施瓦布，在钢铁领域。

（22）李·德弗雷斯特（Lee de Forest），在科学和发明领域（他被称为无线电之父，并发明了三极管）。

（23）亚历山大·格雷厄姆·贝尔，在科学和发明领域（他发明了电话，在实验中揭示了光可以在某些材料中转换成声波的事实，从而奠定了无线电的基础）。

（24）埃德加·伯根（Edgar Bergen）和查理·麦卡锡（Charlie McCarthy），在娱乐和口技领域，提供了令人信服的证据，证明在现有的生活方式下，一个人只要主动出击，一个能力普普通通的人，加上一块木头，通过有条理的个人努力，就可以为千百万人带来欢乐。在某些方面，这最后一个例子是我提到的所有例子中最重要的。它给那些尝试和失败了很多次的人带来了希望和勇气，就像埃德加·伯根在成功之前所经历的那样。

人们可以在这些例子中找到证据证明有条理的个人努力是失败主义的克星。

现在，我来详细描述一下一个人运用有条理的个人努力原则的方法，这种方法使践行者获得了100多万美元的有形资产，更不用说通过向多个方向扩展其影响力的机会带来的其他优势。

在讲述这个故事的时候，我省略了主角的姓名[①]和事情发生的地点，因为有些人的特点是，他们不希望在自己取得胜利的时候提及卑微的出身。

故事要从25年前说起。当时，一个年轻人在婚后不久，第一次去拜访妻子的家人。旅途的最后一段必须乘坐一条城际电气化铁路，这条电气化铁路与他妻子的家人居住的小镇相距两英里。当火车到达乡下车站时，乘客通常是乘坐马车前往镇上。但当时火车站附近没有马车，年轻人和他的妻子只好步行走完这两英里的路程。

这件事令人恼火不已，但它注定会导致影响深远的结果，我们很快就会看到。说来奇怪，一个人一生中的某些重大转折点，就在意想不到的时刻，通过我将要描述的这种看似平淡无奇的情况出现。

当这个年轻人来到他妻子的家乡时，他首先被介绍给了妻子的两个兄弟。他们之前从未见过他。因此，在第一次见面时他所说的任何话，自然会与对方接待他时的态度有很大关系。

还没等得体地引出话题，这个年轻人就用一个问题对他的小舅子们进行了猛烈抨击，这个问题立即引发了作为回应的挑战，令他十分为难。

年轻人质问道："为什么你们不让城际铁路公司修建一条进城支线？这样一来，人们就可以搭车而不是步行两英里了。"

"嗯"，其中一个小舅子回答说，"在过去的10年里，我们一直努力做这件事，但到目前为止，我们尚未成功。"

"什么！"刚刚到达的姐夫惊呼道，"你们努力了10年，就为做一件我3个月就能完成的事情？"

---

① 根据下文的内容，可以确定此人就是拿破仑本人，因为下文中有对自己的赞许，作者本着虚怀若谷的精神，有意隐去了当事人的姓名。

"太好了，"一个小舅子说，"你来到这儿还不到5分钟，就为自己找了份工作。"

从现在开始，仔细观察，你就会明白有条理的个人努力是如何发挥作用的，哪怕是一个因为失言而被迫采用这种方法的人。那些应用成功原则的人，往往是由于与此类似的某一意外事件，在无路可退的情况下，由于迫不得已，才偶然发现这些原则的。这是现代文明的一个悲剧。

"好吧，"年轻人大声喊道，"我就接下这个活儿，让你们瞧瞧，修两英里长的铁轨用不了10年时间。"

之后，他开始认真地干起正事。事实上，他已经将自己置于这样的境地：他不得不接受向他发起的挑战，否则就会在妻子的亲戚面前丢脸。

在询问了几个问题后，他才知道，该镇未能开通电气化铁路服务的症结在于，这条铁路必须跨越一条大河，这就需要建造桥梁，费用为十万美元，但这一金额超出了铁路公司同意对这个项目的投资限额。

在两个小舅子的陪同下，年轻人走到河边查看情况，他们静静地站在那里，看到了这样的情景：

县道沿着陡峭的河岸蜿蜒开去，在一座古老的木桥上跨过这条河。河对岸有十几条铁轨，这些铁轨构成了一条蒸汽铁路的储料场兼调车场，这条铁路是用来从那段铁路上拉煤的。三人在那里站了大约10分钟后，一列火车驶入调车场，并堵住了县道。很快，一个农夫赶着一队马从调车场的远侧走了过来，并停下来等待道口恢复畅通。几分钟后，又有一个车夫从场站近侧走过来，也停下来等待道口恢复畅通。

这就是这个年轻人寻找的机会。他在其中看到了解决桥梁问题的办法。如果不是他一直在寻找办法使自己摆脱因出言不逊而陷入的困境，他是否会在这种普通的日常事件中看到他的小舅子们没有看到的东西，就不好说了。

15分钟过去了，什么也没有发生。铁路道口仍旧被堵着：车夫们还在等着！年轻人想象力的齿轮开始转动。在眼前的画面中，他看到了摆脱这一困境的办法。说来也奇怪，当一个人面临一些需要采取行动的紧急情况时，想象力的发挥会好很多。

年轻人转向他的亲戚，大声喊道："看！你们看见我在下面看到的东西了吗？"

亲戚们看了看。是的，他们看到一个铁路道口被一列火车堵住了。"可是，"其中一个人辩解说，"这没什么！有很多次，我在那个道口等了足足有半个多小时。怎么了，那些农民才在那里等了10分钟或15分钟。"

"不，"年轻人用低沉的语气自言自语道，"你们没有看到我看到的东西。我认为你们没看见，我只是想确认一下。"

"嗯，"他继续说，"桥梁问题的解决办法就在下面。我们把问题分成三个部分，然后一部分一部分地加以解决。铁路公司将支付三分之一的桥梁建设费用，让那条县道离开他们的铁轨，而且这笔费用很便宜，因为要是哪一天那里发生事故，会使他们付出更大的代价。县政府会支付三分之一的费用，以便让县道离开那些铁轨，让人们可以安全地通过。电气化铁路公司也支付三分之一的费用，以便将其下的铁路延伸到镇上，从而增加新的收入来源。先生们，你们的问题解决了！"

两个亲戚互相看了看，然后他们看了看站在他们身旁的年轻人。之后，他们仿佛排练过演讲稿似的，同时大声说："好吧，我真该死！我们以前怎么就没有想到呢？"两人瞬间就知道这个年轻人是对的。在接下来的一周里，由这个新来的人带头并出面交谈，三人一道拜访了蒸汽铁路公司和电气化铁路公司的管理层以及县政府的委员们。这一周结束时，有三个人在合同上签了字，3个月内，一条电气化铁路支线就进入了小镇。

但这不是故事的结尾，它仅仅是一个开始。铁路的修建改善了交通设施，给小镇带来了新的居民，也给老居民带来了新的热情。小镇开始以各种不同的方式焕发出新的生机。在繁荣带来的其他好处中，有一项对年轻人妻子的亲戚来说是非常有利的。他们拥有小镇毗邻的大部分土地，所以他们把这些土地切割成建筑地块，并以高价卖出。这带来了新的建筑项目，并提供了额外的就业机会。

受到当地人因获得铁路而对其大加赞许的刺激，这个年轻人对生活有了新的认识，决定充分利用他当下取得的成功。他的姐夫从事天然气生产，大部分天然气在当地销售。他促使他的姐夫增加业务，并将服务拓展到附近的城镇。

即便是这样，也远远消耗不了现有的天然气供应量，于是，这位年轻人再一次让他的想象力齿轮开始转动，在得知玻璃制造业需要使用大量的燃料后，他促使镇上的居民成立了一家公司，专门从事玻璃器皿的制造。这家企业不仅给镇上带来了近六百个新的就业岗位，还需要为所有这些工人提供住房和饮食，而且新工厂还成了他亲戚出售天然气的客户，每月的销售额达3000多美元。

到了这个时候，报纸已将这件事刊登在头版进行报道。这个年轻人的绰号是本镇的"安德鲁·卡内基"。他的个人主观能动性给铁路公司留下了深刻的印象，因此高薪聘用他为首席法律顾问助理。

大约一年之后，他的声名传开了，并引起了一家大型教育书籍出版商的注意，他被聘为广告经理，薪水远远超过他这个年纪的人通常的收入。他离开了那个他曾帮助其在一夜之间繁荣起来的小镇，后来又和该出版商合伙做生意。今天，他的影响触及美国的每一个村庄、小镇和城市。

与此同时，他在妻子的家乡帮助组建的那些新企业也发展成了规模可观的企业，他的姐夫也由此成了百万富翁。天然气生意变得越来越兴旺，这让企业主们觉得有必要对这位年轻人在企业发展初期所做的工作表示感谢，他们通过支付他三个儿子的大学学费来表示感谢。如今，他的大儿子已经成为这家企业的掌门人，并且正凭借自己的能力成为百万富翁。他的另外两个儿子则在这家公司里担任要职。这位年轻人运用有条理的个人努力原则给镇上的商人带来的繁荣涉及太多的细节，无法证明其描述的合理性，但这一描述是真实的。

因此，我们看到，当人们明智地、坚持不懈地应用有条理的个人努力原则时，它是如何发挥作用的。

分析这一经验，从你选择的任何角度来权衡它，一步一步地研究它，你将得出这样的结论：没有什么事情是任何一个智力和能力一般的人处理不了的。

成功是坚持应用明确原则的结果，而不是成为天才或拥有非凡能力的结果。

成功是综合运用卡内基先生所表述的10项个人成功原则的结果。

（1）拥有明确的主要目标，以坚持不懈的精神为后盾，通过明确的计划来实现目标。

（2）积极运用智囊团。

（3）通过坚持不懈的行动践行信念。消极的信念是软弱无力的。

（4）有条理的思考，通过明确的计划来实施自己的想法。

（5）拥有创新致胜思维，体现在设定目标和实现目标的计划中。

（6）受控制的注意力，表现为专注于主要目标，直到它成为现实。

（7）鼓舞，表现为拥有从事一项工作并将其进行到底的热情。

（8）自律，表现为年轻人在帮助亲戚时临时改变了自己的个人计划并最终实现目标。

（9）"多走1公里"的习惯，表现为做没有回报承诺的事。

（10）有条理的个人努力，表现为制订每一步计划，并将一个明确的主要目标导向其必然的结论。

我们经常在一些成功人士取得胜利的时候看到他们，并把他们的成功归功于某种形式的天才或运气，却从来不花时间去深究他们的履历，以了解他们是如何获得好运的。

以卡内基先生为例。了解卡内基先生的人都知道，他的成功完全是由于他应用了这一哲学中所描述的原则，而不是由于他是个天才——除非我们这样说，天才是苦心经营和坚持遵循明确原则的结果。如果逐步分析卡内基先生的职业生涯，就会发现在卡内基先生的一生中没有任何比前文案例中的年轻丈夫的经历更戏剧性的东西，也不会发现与之不同的东西。

同样的检验方法也适用于亨利·福特、托马斯·爱迪生以及其他取得成就的人们。这些人都是通过准确地知道自己想要什么并遵循明确的原则获得自己想要的东西而取得成功的。如果有一个真理是我在介绍这门哲学时最想强调的，那就是，任何一个智力一般的人，只要花时间熟悉成功的原则，并坚持不懈地应用这些原则，就可以取得成功。

在重要性上仅次于这个道理的，是我想强调的另一个道理，即只要一个人愿意掌握这些原则并将其加以应用，他就能获得成功。如果我们提到的那个年轻人刻意寻找一个适合成就事业的地方，那我们在这个年轻人的故事中提到的那座小城，大约是这个世界上他最不愿意选择的地方。然而，通过运用成功原则，他把那个小城变成了一座名副其实的金矿。

阿尔伯特·哈伯德（Elbert Hubbard）在纽约东奥罗拉做了同样的事情。近半个世纪以前，当他在当地建立自己的公司时，这个小镇与全美其他一千多个小镇没有太大不同。然而，阿尔伯特·哈伯德通过运用本章所述的原则开展活动，使东奥罗拉成为美国的"麦加"，更不用说使他变得富有了。

这些成功人士和其他所有成功人士都有一个共同点，就是严格遵循有条理的个人努力原则。如果没有这个原则的帮助，可能一个人奋斗一辈子也只能勉强糊口，有些人甚至连这点都做不到。

　　我们中的许多人永远都不指望自己成为安德鲁·卡内基、托马斯·爱迪生或阿尔伯特·哈伯德，但每一个即使能力一般的人，只要正确地运用个人成功哲学，就能在某个行业取得杰出的成就。为了与更杰出人物做对比，我将举一个非常普通的水暖工的例子，他成功后仍然住在美国非常普通的小县城里。

一个水管工对个人成功哲学的运用

　　在一个约有一万人的美国南方县城，有一个非常平凡的人，他的管道生意取得了巨大的成功。由于此人在许多方面的能力都不如一般人，因此，观察他如何通过建立一个庞大的企业取得引人瞩目的成功并成为当地一个具有超乎寻常的能力和影响力的人，是很有意思的。

　　这个人当然不具备许多通常与非凡成就联系在一起的才能。作为一家管道公司的雇员，他表现得笨手笨脚，比不上一般的管道安装工。由于他在这一职位上的表现无法令人满意，他的雇主就试着让他当推销员兼业务联络员，但他在这个职位上也没有表现出任何潜能。虽然他没有接受过大学培训，但他读完了高中，写得一手清晰可辨的字。因此，他的雇主认为他可能会成为一名令人满意的记账员，但结果同样令人失望。雇主和雇员两人都觉得这种关系在结果上有些令人沮丧，但工人自己却开始动起了脑筋。他首先意识到自己明确的局限性，之后仔细地盘点了自己的资产。在一个旧信封的背面，他列出了他知道自己拥有的以下优势：

　　（1）拥有储蓄和谨慎支配金钱的习惯。

　　（2）能够非常精确地计算出一项工作的成本。

　　（3）能够认识到他人的高超技术。

（4）拥有坚持完成一切任务的坚韧精神。

（5）能够促使其他工人更加愉快地共事。

在他的信封面前，这个平庸而又有些气馁的水管工决定运用自己的判断力，靠自己的能力开创新的管道事业。他用自己的积蓄，租了一间不大的储藏室，宣布成立新的水管公司。原来企业里最好的管道安装工人马上就找上门来，并主动要求不计报酬地为他工作。

接下来，水管工四处寻找，挑选了一位能干的业务员兼联络员。他很快就找到了一个能够记账和处理所有信件的大学生。凭借良好的判断力，他选择了其他必要的人员来补充他的员工队伍，以完成所有的业务。随着业务量的增加，他又雇用了其他员工，但他在选择员工的时候总是非常谨慎，确保他们拥有一两项特殊技能。

水管工在明智地选择了自己的帮手之后，开始树立他的明确目标：使自己的公司成为全县最好和最富有的水管工公司。不久，他就接到了几所新校舍和其他公共项目的大合同。他小心翼翼地监督着所有的工作，除了办公室的日常工作，他把这些工作留给了他的簿记员。当一个推销员找到一位优质的潜在客户后，水管工把所有的成本都算好，然后对工程进行投标。几年后，县外的人都在寻求这位水管工及其公司的服务，因为水管工公司已经树立了这样的声誉：提供高品质的服务、忠实全面地履行合同以及在处理别人的钱财和材料方面值得信赖。

凭借敏锐的经济眼光，水管工开始四处寻找扩充设备的可能性。虽然他已经有了一间租金低廉的储藏室作为办公室和库房，但他还是决定，如果能以低廉的成本找到足够的建筑空间用于新的发展，就把所有收入投入到业务的扩张中去。

在城区外大约两英里的地方，他找到了一栋老旧的袜厂大楼，屋顶漏水，玻璃窗几乎全部破损。这座宽敞的两层大楼正好符合他的需要。这位雄心勃勃的水管工小心翼翼地向业主询问了整栋楼的租金。

他说服了他们，与其让这栋楼闲置着，不如从中获得稳定的收入。

业主先是要求较高的月租，理由是为了大楼能够投入使用，他们必须进行大量的维修工作。水管工不赞同这个价格，并建议他们按照大楼目前的状态报给他一个尽可能低的租金，令他吃惊的是，他们的报价居然比为位于上城区的储藏室支付的租金还要低一些。他根据自己的判断迅速接受了这个报价，带着他的员工修理了大楼的屋顶，并更换了所有破损的窗户玻璃，从而使他即将用来出租的大楼有了实质性的改善。大楼的业主们对大楼状况的这一精细改善非常满意，他们主动给了这位水管工一份为期十年的租约，而不是按约定给他的一年租期。

这位水管工增加了人手，增加了物资储备，扩大了服务范围。在接下来的几年里，他取得了非凡的成功。在不到十年的时间里，他就拥有了自己经营的大楼，增加了一些熟练工人，他们的业务能力比他自己高出不少，他还购买了价值十万美元的物资。水管工偶尔还会受邀参加学校建筑、市政项目以及其他临近各县大型建筑项目中管道工程的竞标。他能获得所有这些业务主要是因为感到满意的客户对他工作进行了令人信服的宣传。

除了这个水管工自身才能非常有限之外，他的成功故事并没有什么特别之处。他不够聪明，无法自己记账，无法推销自己的服务，也无法在一个小城市的水管铺子里做一个好员工。受雇成为一个管道安装工的他行动迟缓、笨手笨脚，即使尽了最大的努力，也几乎是工作表现最糟糕的人。然而，他有良好的意识，看到了管道业务的潜力和使他有效地利用自己的才能让其他人与自己合作的机会。通过将注意力集中在自己明确的主要目标上，他通过个人努力，实现了业务的发展，这项业务得到了人们的信任并且使其获得了相应的经济回报。

这个资质平庸的人至今仍在老袜厂里经营着一家生意兴隆的企业，他的名声在美国南方大约五个县中尽人皆知。家庭主妇们经常评论说，当水管工把活儿干得妥妥帖帖，而且公司总能在她们打电话求助后的半小时内派遣一个能干的人来处理任务时，她们并不介意付给水管工钱。

这里所讲述的大部分事实都发生在从上一次世界大战到1928年这段危机四伏的时期，而该公司以合理的储备和不断增加的客源在萧条中存活了下来。

这个水管工天赋非常有限，只受过高中教育，除了自己的劳动收入外，没有任何资金，但他已经证明了一个明确的目标所具有的价值和有条理的个人努力所具有的价值。

如果说卡内基先生在分析这门哲学时，更突出地强调了一点，那就是成功是有条理的个人努力的结果。他强调了智囊团原则作为通过有条理的努力发展个人力量的主要手段有多么重要。他承认，自己之所以能够取得惊人的成就，是因为他有能力为自己的智囊团挑选成员。

虽然有条理的个人努力确实是根据每一种情况，通过适当的协调和正确的组合，将其他所有成功原则加以应用，但不可否认的是，有条理的个人努力原则对一切非凡的事业具有更大的意义。

我想提出一句古老的格言作为本章的总结，这句格言恰当地描述了有条理的个人努力的一个要点。这句格言就是："计划你的工作，并实施你的计划"。没有什么能够代替坚持不懈和不断应用。这两者十分重要，人们在不知道其他成功原则的情况下，仅仅通过对这两者加以应用就能取得成功。但要确保你的计划是有条理的和明确的。

一个人只有意识到自己的弱点，才会知道自己的长处。

今天你有重要的工作
要做。

为了把工作做得更好，请把它看成是一个创造、建设、成长、攀登的过程。

除了失败，没有什么
可以取代工作。

关于作者

　　拿破仑·希尔于1883年出生于美国弗吉尼亚州的怀斯县。他曾做过秘书、地方报社的"山区记者"，之后他成为《鲍勃·泰勒杂志》的记者——这份工作让他结识了美国钢铁大王安德鲁·卡内基，这次邂逅改变了他的人生轨迹。安德鲁·卡内基敦促拿破仑·希尔采访那个时代最伟大的工业家、发明家和政治家，目的是发现引领他们走向成功的原则。拿破仑·希尔接受了这个持续了二十年的挑战，这个挑战首先成了《成功法则》的基石，后来又成了《思考致富》的基石。《思考致富》一书是关于财富积累的经典之作，也是同类书籍中的畅销书。拿破仑·希尔一生做过作家、杂志出版商、讲师和商业领袖顾问，在经历了漫长而多样的职业生涯后，这位励志先锋于1969年在美国南卡罗来纳州逝世。